高等学校民航特色专业教材

通用航空安全管理

General Aviation Safety Management

高扬 主编

王向章 胡欣 副主编

北京航空航天大学出版社

内 容 简 介

通用航空与运输航空是民航发展的两翼,其安全问题也是民航安全管理的重要组成部分。本书重点讲述通用航空安全管理的基本理论和方法,强调通用航空安全管理体系在民航安全中的重要性。编者按照通用航空专业学生需要掌握和了解的知识点,系统地把安全管理理论、安全管理体系、安全信息系统、安全风险评估、无人机安全管理等相关法规和管理技术及方法串联起来,并列举其在通用航空领域的应用,力求使读者对通用航空安全有深入的了解和认识。

本书主要包括通用航空与安全管理基础、民航安全管理体系、民航事故调查与航空应急救援、航空安全信息管理系统、安全风险分析与评估、公务航空安全风险评估系统、无人机安全管理、大型固定翼无人机冲突风险预测与解脱 8 部分内容,系统全面地阐述了当前通用航空领域安全管理特点,并吸收了当前安全管理中先进的管理经验、方法和工具,可为读者了解和学习通用航空安全提供理论和技术指导。

本书涉及知识面广,注重专业性与创新性,可作为高等院校通用航空、无人机等相关专业的教材,也可作为通用航空企事业单位安全管理人员及相关技术人员的培训参考书。

图书在版编目(CIP)数据

通用航空安全管理 / 高扬主编. -- 北京:北京航空航天大学出版社,2023.12

ISBN 978-7-5124-4251-1

Ⅰ.①通… Ⅱ.①高… Ⅲ.①民用航空—航空安全—安全管理 Ⅳ.①F560.69

中国国家版本馆 CIP 数据核字(2023)第 227796 号

版权所有,侵权必究。

通用航空安全管理

高 扬 主编

王向章 胡 欣 副主编

策划编辑 蔡 喆   责任编辑 周世婷

*

北京航空航天大学出版社出版发行

北京市海淀区学院路 37 号(邮编 100191) http://www.buaapress.com.cn

发行部电话:(010)82317024 传真:(010)82328026

读者信箱:goodtextbook@126.com 邮购电话:(010)82316936

北京富资园科技发展有限公司印装 各地书店经销

*

开本:787×1 092 1/16 印张:12 字数:307 千字

2023 年 12 月第 1 版 2023 年 12 月第 1 次印刷

ISBN 978-7-5124-4251-1 定价:42.00 元

若本书有倒页、脱页、缺页等印装质量问题,请与本社发行部联系调换。联系电话:(010)82317024

前　言

近年来，我国低空空域逐步放开，通用航空出现了蓬勃发展的新局面。在大力建设民航强国的当下，通用航空与运输航空作为民航发展的两翼，其安全问题也是民航安全的重要组成部分。然而，通用航空与运输航空相比，存在航空器种类繁多、飞行时间不定、使用空域随意以及作业项目多样化等特点，还存在保障作业环境复杂、安全保障体系尚不健全等诸多问题。通用航空是一种高投入、高风险的行业，通用航空的飞行安全越来越多地受到人们的关注。进一步加强通用航空的安全管理，一方面保证了通用航空飞行安全，另一方面对中国通用航空事业的发展、维护国家和人民群众的切身利益具有重要意义。

本书根据通用航空未来发展的需要和通用航空安全人才培养的客观要求，以通航人才所需的责任、知识与能力为目标，构建了通用航空安全管理人员的知识与能力体系，是在安全管理学的基础上结合通用航空运行的特点而编写的一本专业教材，是国内首部针对通用航空安全管理人员的本科教材，填补了国内通用航空人才培养领域的空白。在编写过程中，调研了金鹿（北京）公务航空有限公司、浙江万丰航空有限公司、青岛直升机航空有限公司等十余家通航企业，并多次针对课程的体系、结构以及主要内容进行研讨，吸收了中国民航大学齐福强、杨永刚和沈阳航空航天大学黄涛等专家学者提供的宝贵意见，保证了教材的理论深度和专业性；参考了多篇国内外同类或相近文献，在确保覆盖大纲所要求的知识点的前提下，结合目前通用航空企业的运行情况补充了部分参考内容，使教材内容既保持了严谨性又增加了实用性。

本教材共8章。第1章为通用航空与安全管理基础，第2章为民航安全管理体系，第3章为民航事故调查与案例分析，第4章为航空安全信息管理系统，第5章为安全风险分析与评估方法，第6章为公务航空安全风险评估系统，第7章为无人机安全管理，第8章为大型固定翼无人机冲突风险预测与解脱。通过本教材的学习，读者能系统地掌握通航安全管理的理论基础、通航安全管理的体制、管理系统的构建以及安全管理的多种工具和方法，并具有初步解决通航企业安全管理问题的能力，能结合实际情况，利用通航安全风险管理技术开展简单的安全管理工作。

本教材由中国民航大学交通科学与工程学院无人机系课程组成员共同编写。课程组由高扬组长和青年教师胡欣、郑秀梅以及本专业硕士研究生李高磊、陈靖松、郭钒等组成。本书编写分工如下：第1章由高扬、李高磊编写，第2、6章由高扬编写,第 3 章由高扬、胡欣编写,第 4 章由高扬、郑秀梅编写,第 5 章由高扬、王向章编写,第 7 章由高扬、陈靖松编写,第 8 章由高扬、郭钒编写。全书由高扬统稿,由广州广电计量检测股份有限公司王向章校稿。

限于参考资料和编写人员的时间、经验,尽管力求完美,但书中难免有处理不妥和疏漏之处,恳请广大读者批评指正。

感谢各位工作人员对本书出版付出的不懈努力,也期望本书对读者有所裨益。

编　者

2023 年 8 月

目 录

第1章 通用航空与安全管理基础 ... 1

1.1 通用航空概述 ... 1
- 1.1.1 通用航空的基本概念 ... 1
- 1.1.2 通用航空的特点 ... 2
- 1.1.3 通用航空的分类 ... 3
- 1.1.4 我国通用航空的发展历程 ... 4

1.2 通用航空安全管理 ... 7
- 1.2.1 通用航空安全管理的重要作用 ... 7
- 1.2.2 系统安全思想在民航安全管理中的应用 ... 9
- 1.2.3 通用航空安全管理体系建设现状 ... 12
- 1.2.4 安全管理体系的实施 ... 14

1.3 航空安全的影响因素 ... 15

第2章 民航安全管理体系 ... 17

2.1 安全管理体系(SMS)框架 ... 17
2.2 安全政策和目标 ... 17
2.3 安全风险管理 ... 23
- 2.3.1 危险识别 ... 24
- 2.3.2 服务提供者安全调查 ... 26

2.4 安全保证 ... 28
- 2.4.1 安全绩效监测与衡量 ... 28
- 2.4.2 变更管理 ... 31
- 2.4.3 持续改进安全管理体系 ... 32

2.5 安全宣传 ... 33
- 2.5.1 培训和教育 ... 33
- 2.5.2 安全信息交流 ... 34

2.6 实施规划 ... 35
- 2.6.1 系统描述 ... 35
- 2.6.2 接口管理 ... 36
- 2.6.3 安全管理体系的可伸缩性 ... 37
- 2.6.4 管理系统的整合 ... 38
- 2.6.5 安全管理体系与质量管理体系整合 ... 39
- 2.6.6 安全管理体系差距分析和实施 ... 40

2.7 安全文化 ·· 40
2.7.1 安全文化的基本内容 ·· 40
2.7.2 安全文化的宣传和评估 ·· 42
2.8 通用航空诚信管理体系 ·· 43
2.8.1 诚信管理的重要性 ·· 43
2.8.2 民航行业信用管理办法 ·· 43
2.8.3 通航企业法定自查 ·· 45

第3章 民航事故调查与航空应急救援 ·· 48
3.1 事故调查的法规文件依据 ·· 48
3.2 事故调查的基本概念、目的和原则 ·· 48
3.3 事故调查的组织 ·· 51
3.4 事故调查的程序 ·· 53
3.5 事故的报告 ·· 55
3.6 通用航空不安全事件调查管理及案例分析 ·· 57
3.7 航空应急救援 ··· 63
3.7.1 突发事件分类和应急救援响应等级 ··· 64
3.7.2 通用航空应急救援 ·· 64
3.7.3 应急管理规定 ·· 66
3.7.4 通用航空应急标准体系框架 ·· 70
3.7.5 应急预案管理 ·· 72

第4章 航空安全信息管理系统 ··· 75
4.1 航空安全信息管理概述 ··· 75
4.1.1 航空安全信息的概念 ··· 75
4.1.2 航空安全信息的分类 ··· 75
4.1.3 航空安全信息的功能 ··· 76
4.1.4 航空安全信息的处理 ··· 76
4.1.5 航空安全信息管理的法规依据 ··· 78
4.2 强制报告系统 ··· 79
4.2.1 强制报告范围 ·· 79
4.2.2 强制报告相关概念 ·· 79
4.2.3 事件信息报告 ·· 80
4.2.4 外航安全信息报告 ·· 81
4.2.5 强制报告系统实操 ·· 83
4.3 自愿报告系统 ··· 87
4.3.1 自愿报告系统的意义 ··· 87
4.3.2 自愿报告系统的原则 ··· 88
4.3.3 自愿报告系统的受理范围 ··· 88

4.3.4　自愿报告系统的组织结构 ·· 89
　　4.3.5　自愿报告系统的运行程序 ·· 89
　　4.3.6　信息共享和研究成果的传播 ··· 91
4.4　民用航空安全信息保护 ··· 91

第5章　安全风险分析与评估 ·· 93
5.1　安全风险分析 ··· 93
　　5.1.1　安全风险分析的内容 ·· 93
　　5.1.2　安全风险分析的方法 ·· 93
　　5.1.3　安全风险分析方法的选择 ·· 96
5.2　安全风险评估 ··· 97
　　5.2.1　安全风险评估的内容 ·· 98
　　5.2.2　安全风险评估的方法 ·· 100
　　5.2.3　安全风险评估方法的选择 ·· 100
5.3　安全风险综合评估方案 ··· 102
　　5.3.1　构建指标体系 ··· 102
　　5.3.2　安全风险指标权重算法 ··· 104
　　5.3.3　安全风险综合评估方法 ··· 110

第6章　公务航空安全风险评估系统 ·································· 116
6.1　公务航空概述 ··· 116
　　6.1.1　公务航空相关定义 ··· 116
　　6.1.2　国外公务航空业的发展历程 ··· 117
　　6.1.3　公务航空运行标准及运行模式 ·· 118
6.2　公务航空安全风险指标体系 ·· 121
　　6.2.1　公务航空安全风险指标体系构建思路 ······························· 121
　　6.2.2　公务航空安全风险评价指标体系的建立 ···························· 122
6.3　公务航空安全风险评估系统检查单 ····································· 122
　　6.3.1　公务航空安全风险评估系统检查单编制说明 ····················· 122
　　6.3.2　公务航空安全风险评估系统检查单的内容 ························ 124
6.4　公务航空安全风险指标权重 ·· 125
　　6.4.1　主观权重计算 ··· 125
　　6.4.2　客观权重计算 ··· 128
　　6.4.3　综合权重计算 ··· 129
6.5　某公务航空公司安全风险评估 ··· 132
　　6.5.1　检查数据收集与整理 ·· 132
　　6.5.2　计算灰色评价系数 ··· 133
　　6.5.3　确定风险评价权矩阵 ·· 134
　　6.5.4　计算灰色模糊综合向量 ··· 135

6.5.5　综合评估结果分析 ………………………………………………… 135
6.6　公务航空安全风险评估系统实施办法 ……………………………………… 136
　　6.6.1　指导思想及工作目标 ………………………………………………… 136
　　6.6.2　实施办法 ……………………………………………………………… 136

第7章　无人机安全管理 ……………………………………………………………… 140

7.1　无人机和无人机系统 ………………………………………………………… 140
7.2　无人机运行的相关法规 ……………………………………………………… 140
7.3　无人机分类管理 ……………………………………………………………… 141
　　7.3.1　开放类无人机安全管理 ……………………………………………… 143
　　7.3.2　多旋翼无人机安全管理 ……………………………………………… 144
　　7.3.3　许可类无人机安全管理 ……………………………………………… 147
　　7.3.4　特定类无人机运行管理规定 ………………………………………… 148
7.4　无人机驾驶员管理 …………………………………………………………… 151
7.5　无人机飞行空域管理 ………………………………………………………… 152
　　7.5.1　微型无人机的禁飞空域 ……………………………………………… 152
　　7.5.2　轻型无人机管控空域 ………………………………………………… 153
　　7.5.3　隔离空域的使用及申请 ……………………………………………… 153
7.6　无人机飞行运行管理 ………………………………………………………… 155
7.7　无人机围栏 …………………………………………………………………… 156

第8章　大型固定翼无人机冲突风险预测与解脱 …………………………………… 159

8.1　大型固定翼无人机运行特点 ………………………………………………… 159
8.2　常用冲突风险预测与解脱理论方法 ………………………………………… 160
8.3　构建冲突风险预测与解脱模型 ……………………………………………… 162
　　8.3.1　构建传统速度障碍模型 ……………………………………………… 163
　　8.3.2　改进冲突风险预测模型 ……………………………………………… 164
　　8.3.3　冲突风险预测判定条件分析 ………………………………………… 165
　　8.3.4　构建二维平面冲突解脱模型 ………………………………………… 167
　　8.3.5　模型实例应用 ………………………………………………………… 170
8.4　非合作大型无人机飞行冲突预测方法研究 ………………………………… 173
　　8.4.1　大型无人机运行模式 ………………………………………………… 173
　　8.4.2　防飞行冲突机制和程序 ……………………………………………… 174
　　8.4.3　飞行冲突预测模型和冲突告警阈值 ………………………………… 175
　　8.4.4　模型实例应用 ………………………………………………………… 177

参考文献 …………………………………………………………………………………… 179

第1章 通用航空与安全管理基础

1.1 通用航空概述

1.1.1 通用航空的基本概念

1. 通用航空概念界定

《中华人民共和国民用航空法》(简称《民用航空法》)中规定了通用航空的概念:通用航空,是指使用民用航空器从事公共航空运输以外的民用航空活动,包括从事工业、农业、林业、渔业和建筑业的作业飞行以及医疗卫生、抢险救灾、气象探测、海洋监测、科学实验、教育训练、文化体育等方面的飞行活动。本书采用我国《民用航空法》对通用航空概念的界定。

2. 航空体系中的通用航空

航空包括三大部分,即航空制造业、军用航空和民用航空。航空制造业是航空事业的基础;军事航空是执行空中军事活动任务的航空活动,是组成一个国家国防力量的重要部分;民用航空是指与人民生活息息相关的各种航空活动,包括航空运输与通用航空两大部分,如图1-1所示。

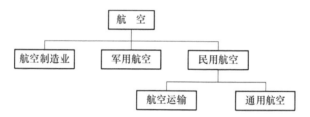

图1-1 航空体系中的通用航空

3. 各国通用航空的定义

提起民用航空,人们往往容易想到公共航空运输,而对通用航空了解不多或知之甚少。其实通用航空是民用航空的重要组成部分,民航业的健康协调发展离不开通用航空。世界上大多数国家都把民用航空活动分为两类,一类是公共航空运输,另一类是通用航空。公共航空运输是指公共航空运输企业面向社会公众以营利为目的,使用民用航空器在区域之间运送旅客、行李、邮件或者货物的活动。通用航空是指定期航班和为取酬或者出租的不定期航空运输以外的民用航空活动。苏联航空法把通用航空称为"航空作业",具体指航空企业根据与有关单位签署的合同,在国民经济某些部门从事航空作业(包括将航空器用于农业、建筑业、护林和为勘探服务等),以及使用航空器进行医疗救护、采取环境卫生措施和进行实验及科学研究工作。拥有航空器的其他企业和单位,可以为满足自己的需要而进行上述目的的飞行。日本航空法把从事通用航空的企业称为"航空器使用企业",指根据他人的需要,使用航空器以取酬方式从事客、货运输以外的企业。

首先需要明确通用航空(general aviation)的定义和范围。由于各国情况不同,通用航空所包含的内容也有所区别。如美国的通用航空非常发达,大多数用于通用航空活动的航空器为商社或个人拥有,因而商社自用商务航空和个人消遣飞行是美国通用航空活动的主要类别,其次是航空训练、航空体育和农业航空作业。法国的通用航空分为轻便航空、自用商务航空和航空作业三大部分,其中轻便航空占据重要地位。

《国际民用航空公约》附件6《航空器的运行》中采用排除法对通用航空加以定义。通用航空运行是指除商业航空运输运行或航空作业(GA/AM)运行以外的航空器运行。航空作业是指航空器用于专门的服务,如农业、建筑、摄影、测量、观察与巡逻、搜寻与援救、空中广告等运行活动。由GA/AM提供的为获取报酬进行的航空活动,为人们提供了不可或缺的服务和安全有效的生活。《国际民用航空公约》附件6《航空器的运行》第Ⅱ部分是涉及国际通用航空的定翼飞机,第Ⅲ部分包括直升机的国际商业运输飞行和通用航空飞行。

《国际民用航空公约》附件6的第Ⅱ和第Ⅲ部分,是迄今国际航空法中关于通用航空的最主要规定。国际民用航空组织理事会于1968年12月2日首次通过了国际通用航空——航空器运行的各项标准和建议措施,《国际民用航空公约》附件6第Ⅱ部分《国际通用航空——飞机》于1969年4月2日生效,同年9月18日起施行。关于直升机的运行规范,在该附件6第Ⅲ部分《国际运行——直升机》中规定。

国际民航组织将通用航空定义为:除公共运输航班客、货运输活动外的所有使用民用航空飞行器的活动。通用航空在飞播造林种草、航空拍摄、探矿采油、抢险救灾、电力、环保等工农业领域都有着广泛的用途。利用通用航空飞机对飞行员进行培训是通用航空另一个重要应用领域。随着经济发展水平的提高,私人飞机、公务专机、空中旅游等已成为通用航空发展最为迅速的领域。目前在世界通用航空三大类飞行中,航空作业飞行约占飞行总量的20%,教学训练约占飞行总量的22%,公务飞行占飞行总量的50%以上。

我国通用航空一般是指除军事、警务、海关缉私飞行和公共航空运输飞行以外的航空活动,包括从事工业、农业、林业、渔业、矿业、建筑业的作业飞行和医疗卫生、抢险救灾、气象探测、海洋监测、科学实验、遥感测绘、教育训练、文化体育、旅游观光等方面的飞行活动。

1.1.2 通用航空的特点

(1) 通用性

通用航空是民航运输的重要组成部分,因而通用航空首先具备民航的特点,即高速性、机动性、安全性、公共性、舒适性、国际性等。另外,通用航空的最大优势就是其通用性,它适用于工农业生产、人民的文化生活、科学研究等各个领域和各个方面。对工农业生产来说,它直接参与工农业生产活动,是工农业生产活动的重要组成部分;对交通运输来说,它优于其他各种交通运输方式,不受地理、自然等条件的影响;对人民文化生活来说,它渗透于人民生活的各个领域,是其他任何交通运输方式无法替代的。

(2) 不可替代性

通用航空与公路、铁路、水运、公共航空运输相比较,具有机动灵活、可在野外进行复杂的作业活动等特点。此外,通用航空点多、线长、面广、流动性大、高度分散等独特的运行方式,在很多方面都发挥着不可替代的作用。

（3）专业技术性

通用航空专业技术性强，不同的作业项目有不同的技术要求和质量标准。通用航空运输一般使用小型飞机或活动翼飞机，大多进行低空或超低空飞行，由于在各种专业飞行过程中使用的仪器设备各不相同，因此通用航空人员需要对其实施的作业和使用的工具有深入的了解和掌握。因此，没有熟练的飞行技术、丰富的专业知识和对各种特殊情况的处置能力，飞机的飞行安全和作业的质量很难得到保证。

（4）地区差异性

通用航空不同于公共运输，它不仅是生产的前提、价值实现的手段和桥梁，而且还直接参与了各项生产活动。通用航空的发展既与地区经济发展水平、消费水平和作业类别等密切相关，同时也受到国家政策、措施的影响。例如，建德千岛湖通用机场将打造为华东地区乃至全国"功能最完善、服务最优质、飞行最自由"的通用航空制造运行服务保障枢纽机场，该机场将进一步突显航空小镇核心优势，有助于促进通航产业和旅游、体育、健康等产业跨界融合，逐步实现"航空镇"到"航空城"的蝶变。我国东北地区地域辽阔、人口密度较低，尤其是黑龙江省，非常适合通用航空的发展；总部位于哈尔滨市松北区的北大荒通用航空有限公司，拥有佳木斯市和肇东市两个主飞行基地，其在农林养护、通用航空包机飞行、医疗救护等方面发挥了重大作用。

1.1.3 通用航空的分类

我国民用航空主要分为公共航空运输（商业航空）和通用航空两类。公共航空运输是指以航空器进行经营性的客货运输的航空活动；通用航空是指除公共航空运输（商业航空）以外的民用航空活动，其包括的内容和范围十分广泛。我国民用航空的组成如图1-2所示。

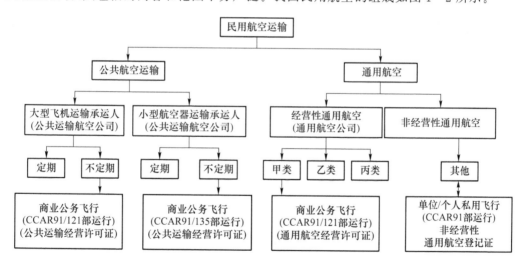

图1-2 我国民用航空的组成

通用航空作为民航事业的两翼之一，在国家经济社会建设中具有不可替代的作用。通用航空除商业航空以外作为民用航空的一个部分划分出去之后，民用航空除商业航空以外的其余部分统称为通用航空，因而通用航空包含多项内容，范围十分广泛，大致可以分为以下几类。

① 工业航空：包括使用航空器进行工矿业有关的各种活动，具体应用有航空摄影、航空遥感、航空物探、航空吊装、石油航空作业、航空环境监测等。这些领域利用了航空的优势，可以完成许多以前无法进行的工程，如海上采油，如果没有航空提供便利的交通和后勤服务，海上采油工作很难实现；其他如航空探矿、航空摄影，使探矿和摄影工作的进度加快了几十倍到上百倍。

② 农业航空：包括农、林、牧、渔各行业的航空服务活动。其中，森林防火、灭火、撒播农药，都是其他方式无法比拟的。

③ 航空科研和探险活动：包括新技术的验证、新飞机的试飞，以及利用航空器进行的气象天文观测和探险活动。

④ 飞行训练：除培养空军驾驶员外，培养各类飞行人员的学校和俱乐部的飞行活动。

⑤ 航空体育运动：用各类航空器开展的体育活动，如跳伞、滑翔机、热气球以及航空模型运动。

⑥ 公务航空：大企业和政府高级行政人员用单位自备的航空器进行公务活动。跨国公司的出现和企业规模的扩大，使越来越多的企业自备公务飞机。

⑦ 私人航空：私人拥有航空器进行航空活动。

⑧ 无人机驾驶航空器：无人驾驶飞机简称"无人机"（"UAV"），是利用无线电遥控设备和自备的程序控制装置操纵的不载人飞行器。

1.1.4 我国通用航空的发展历程

1. 1949 年以前的发展历程

中国通用航空发展历程可以追溯到 1912 年。当时，航空界的先驱冯如驾驶自制的飞机在广州燕塘进行的飞行表演，揭开了我国航空事业发展的序幕。1931 年 6 月 2 日，浙江省水利局租用德国汉莎航空公司的米赛什米特 M18-D 型飞机在钱塘江支流浦阳江 36 km 河段进行的航空摄影，是我国首次进行的通用航空商业活动。1903 年 12 月 17 日美国莱特兄弟首次完成世界上重于空气的航空器动力飞行；1908 年美国空军购买了第 1 架飞机，1911 年购买了 5 架飞机，用于训练飞行员、娱乐飞行、载客飞行。我国自 1912 年开始出现飞行表演活动，从时间上看，我国通用航空事业起步较早。

2. 1949 年以后的发展历程

20 世纪 50 年代，中华人民共和国成立初期，百废待兴。党中央高度重视通用航空的发展，在国家财政十分紧张的情况下，集中有限的人才、资金和技术力量，加速恢复和重建我国的通用航空事业。自 1949 年以后，中国通用航空事业得到了快速发展。1951 年 5 月 22 日，应广州市政府的要求，民航广州管理处派出一架 C-46 型飞机，连续两天在广州市上空执行了 41 架次的灭蚊蝇飞行任务，揭开了我国通用航空发展历史的新篇章。1952 年，我国组建立了第一支通用航空队伍——军委民航局航空农林队，拥有 10 架捷克制爱罗-45 型飞机，职工 60 余人，当年飞行总量为 959 h。专供通用航空生产作业的机场或起降点约 40 个。此后，在全国各地陆续成立了以农林业飞行为主的 14 个飞行队，后来又成立了专为工业、农业、海上石油等服务的通用航空公司，中国大陆通用航空业逐步发展到现在的规模。图 1-3 所示为中华人民共和国第一位航空摄影员皮浃在飞机上进行航空测量作业的场景。

图 1-3　中华人民共和国第一位航空摄影员皮浃在飞机上进行航空测量作业

20 世纪 70 年代,通用航空在应对国家重大自然灾害的抢险救援中发挥了重要作用。在 1976 年 7 月河北唐山大地震应急救援中,民航系统共调集各类航空器 45 架,飞行 673 架次,运送人员 4 200 多人、救灾物资约 835 t,为抗震救灾做出了巨大贡献。这期间,通用航空器制造采取引进和仿制相结合,成功研制生产了运-5 飞机,成为我国农用飞机的主力机型;自主生产的 Z-5 型直升机在航空护林和航空勘测领域发挥了重要作用。

20 世纪 80 年代初,伴随着国家改革开放,实行市场经济,极大地调动了国家有关部门和地方兴办通用航空的积极性,制定和实施了一些有利于通用航空发展的相关政策,如农业部在部分地区将购置农业航空器列入农业机具补贴范围,国家林业局从 2007 年起加大航空护林的经费投入等。通用航空开始走企业化道路,中国海洋直升机专业公司、新疆生产建设兵团农业航空服务队、中国飞龙专业航空公司等独立经营的通用航空企业相继成立。1986 年 1 月,国务院发布《关于通用航空管理的暂行规定》,首次将专业航空改称为通用航空,并首次明确了通用航空的应用范围。

20 世纪 80 年末到 90 年代初,运输航空迅速发展,大批通用航空飞行和机务人员转入运输航空领域,导致通用航空发展受到影响(全国民航系统先后有 1 300 多飞行人员转岗运输航空),1989 年至 1993 年期间,原民航总局连续发文,要求民航局直属通航企业必须保持 100 架可出动的运-5 农林飞机,确保农林业生产需要。1996 年 1 月,原民航总局党委下发了《关于发展通用航空若干问题的决定》(简称 25 条),从提高对通用航空的重视程度、加强通用航空行业管理机构设置、设立通用航空基金、改善通用航空保障条件等方面提出了明确的指导思想和具体措施,强调应保持和发展通用航空骨干队伍,保证完成国家指令性抢险救灾和重大通航任务。该决定有效地扭转了自 20 世纪 90 年代初以来通用航空运营持续萎缩和下滑的局面,为进入新世纪通用航空的发展奠定了基础。这一时期,通用航空器研制和生产逐渐摆脱单纯引进-仿制的方式,逐步走向自行设计发展,直-9(见图 1-4)、"小鹰"500、L162 等通用航空器相继实现首飞,并交付用户。

图1-4　直-9直升机

从2010年开始,随着国家低空空域管理体制改革的稳步推进和通用航空被确定为国家战略性新兴产业,通用航空发展进入了新的历史发展时期。2016年5月,国务院办公厅发布了《关于促进通用航空业发展的指导意见》,为通用航空的发展做出了战略性部署,成为"十三五"时期指导通用航空发展的纲领性文件。

2016年以来,国家先后确定了41项通用航空示范工程和26个通用航空产业综合示范区。中国民用航空局(简称民航局)成立了通用航空工作领导小组,以供给侧结构性改革为主线,以重构和完善通用航空法律法规体系为重点,以"让通用航空器飞起来、让通用航空飞行爱好者热起来"为发展目标,深化"放管服"改革,确立了"放管结合,以放为主,分类管理"的指导思想,多措并举,协同共治,为通用航空发展营造了宽松、有利的政策环境。2013年以来,民航局会同中华人民共和国财政部已累计发放通用航空发展专项补贴27亿元,2020年全国共有220家通航企业获得了通用航空专项资金补贴,极大地推动了通用航空的发展。"十三五"期间,通用航空传统作业稳中有进,新兴业态快速发展,短途运输、空中游览、航空医疗救护、航空运动、航空科普等新业态加速在全国拓展和布局。图1-5所示为湖南成为首个全域低空空域管理改革试点的挂牌仪式。

图1-5　湖南成为首个全域低空空域管理改革试点的挂牌仪式

截至2020年底,全国通航企业已达523家,注册通用航空器达到4 164架,颁证和备案的通用机场已达341个。"十三五"期间,通用航空累计飞行457.6万小时,年均增长13.7%,高出运输航空2.7个百分点;全国无人机运营企业达10 725家,实名登记的无人机52.36万架,2020年飞行量达到159.4万小时,年均增速达到27.5%;通航企业已在全国各地开通短途运输航线75条,在促进国家综合立体交通体系发展中发挥了重要作用。

特别是在2020年抗击疫情的关键时刻,通用航空企业挺身而出,以高度的政治责任感和使命感,逆行而上,冲锋在前,先后出动各类通用航空器1 000多架执行疫情防控任务,在疫情防控过程中发挥了不可替代的作用。通用航空军民融合发展也取得新的进展,在低空空域管理、通用航空器使用、通用机场建设、军地两用人才培养、国防后备力量建设等方面都进行了积极的探索和实践。

同时,民航局不断完善适航审定政策,加大对国产通用航空器发展的支持力度,畅通军民两用产品进入市场渠道,促进了国产通用航空器的研发制造。大型水陆两栖飞机AG600、新一代初级教练机AG100、轻型运动飞机AG50(见图1-6)等连续实现首飞,运-12、阿若拉等一批国产通用航空器得到广泛使用。

图1-6　航空工业通飞自主研制的轻型运动飞机AG50

回顾我国通用航空70多年来的发展历程,通用航空的每一个发展阶段,都凝聚着党和国家对通用航空发展的亲切关怀和大力支持,凝聚着一代又一代通航人不忘初心、牢记使命的崇高追求和无私奉献,也凝聚着社会各界对通用航空发展的殷切期望和美好祝福。在新时代通航人的共同努力下,只要立足新发展阶段,贯彻新发展理念,构建新发展格局,风雨无阻,坚毅前行,继续奋斗,通用航空的春天一定会早日到来,实现与运输航空"两翼齐飞",为民航强国做出新的贡献。

1.2　通用航空安全管理

1.2.1　通用航空安全管理的重要作用

改革开放以来,我国大力发展民航业,生产力有了很大提高,一跃成为世界第二民航运输大国。然而,民航运输大国并不意味着民航运输强国,我国民航安全管理与其他民航强国之间的差距仍很大。近年来,随着我国低空空域改革的步伐逐渐加快,通用航空产业也迎来蓬勃发展的新局面,这将带来巨大的经济效益。与此同时,在大力建设民航强国的同时,通用航空与运输航空作为民航发展的两翼,其安全问题也是民航安全的重要组成部分。

"安全第一"是民航发展的底线和生命线。无论通用航空还是运输航空,都要牢固树立"安全第一"的理念,处理好安全与发展的关系。

第一,"安全第一"是通航企业生存发展的基础和前提。通航企业普遍规模较小,抗风险能力较弱,出现一次飞行事故就可能停产歇业。

第二,"安全第一"是行业运行特点的必然要求。通用航空作业环境复杂、飞行技术要求高、服务保障条件也不完备,需要更加关注各个环节的运行安全。

第三,"安全第一"是产业持续健康发展的有力保障。在社会各界发展通航热情日益高涨的情况下,更要坚持安全底线,为通用航空发展营造良好的外部环境。

第四,"安全第一"是市场培育的根基。如果安全事故频发,通用航空市场则难以扩大。

因此,要切实重视安全能力建设,在发展中系好"安全带",让通用航空飞得更稳、更高、更远。

安全和效率是航空界关注的目标,二者缺一不可,优化航空人员的工作表现,是实现安全和效率的可靠保障。在百年航空发展史中,随着航空设计和制造业的发展,飞机的可靠性得到了很大提高。人为因素的研究成果在飞行中的应用取得了不可估量的成果,机组资源管理使机组原因造成的事故明显减少,但是从最近十年发生的事故统计来看机组原因依然超过70%。安全对航空公司来说相当重要,如果没有安全就没有公司的生存,更谈不上发展。20世纪后期,由于航空器的安全水平提高,飞机的机械原因导致的事故比例从80%降低到20%,但是人为差错在先进的设备下仍然出现,并且这种情况越来越明显,占到事故比例的80%。人们逐渐认识到,航空器的可靠性已远远大于人的操作可靠性,人的失误会对飞机构成更大的威胁,这使得提高航空器安全的关注点逐步转移到人的身上。开展人为因素分析不仅仅是飞行安全的需要,缺乏人为因素知识还对效率有着重要影响,因此研究和应用人为因素的主要目的是保障安全和提高效率。

通用航空作为民航的一部分,其安全管理更是处于相对落后位置。将我国目前的飞行小时数进行估算,2013年以来,我国通航致命事故率约为3,几乎是美国的3倍,可见我国与民航强国之间的差距。有效的安全管理不仅能降低通航事故,还能提高通航企业的经济效益。通过安全管理,人的行为得以规范,可以降低人的不安全行为而造成的通航事故。虽然国际民航组织针对各缔约国提出了实行安全管理体系的理念,但我国通航至今还没有一套属于自己的安全管理体系。现如今,通航即将迎来高速发展时期,其安全管理依旧滞后,使得安全管理尤为重要。

总之,安全是民航永恒的主题,通用航空安全管理是民航当局推动国家通用航空业持续、健康发展的根本手段,符合管理当局利益需要。通用航空安全管理是保障企业正常运行、创造效益的前提条件,符合企业利益的需要。

1.2.2 系统安全思想在民航安全管理中的应用

1. 系统安全思想的定义

系统安全把系统看作一个统一的整体,应用工程和管理方面的准则、标准和技术来规范安全工作。系统安全基本思想的本质是追求系统的安全化,企业全系统各部分都具有很高的质量和安全可靠性,以及完善的防护和保护功能。

系统安全理论是现代安全科学的基本理论思想,它从系统观点出发,采用系统工程的理论和方法,研究影响系统安全的各种要素及其相互联系,而不是简单地就事论事。系统安全理论应用信息系统理论和方法收集、处理、分析系统的安全状况,规划安全信息的合理流动与充分利用系统资源,实现对系统安全的动态管理和优化,建设本质安全的系统,预防事故的发生。

2. 系统安全四要素

系统安全理论采用系统的观点对事故、事故征候进行分析,研究民航系统、民航子系统的关键要素以及存在的缺陷和不足之处,为确定评估结构、要素和评估项目提供帮助。系统安全管理理论中四要素模型认为,影响生产安全的基本因素为人(Man)、机(Machine)、环(Environment)、管(Management),各要素相互影响,彼此配合,才能实现系统安全生产的目的和功能。系统安全四要素如图 1-7 所示。

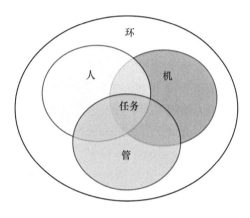

图 1-7 系统安全四要素

3. 民航安全常用的系统分析模型

(1) REASON 模型

Lames Reason 教授在于 20 世纪 90 年代提出了 REASON 模型。这是一个将事件拆解成多层,系统地研究不安全事件产生原因的事故调查模型。REASON 模型提到,事故的致因不仅与事件直接相关行为人的行为(显性失效)有关,还与远离事件的其他层面的活动和人员(潜在失效)有关。它从显性失效与隐性因素的关系入手,将决策和组织失误联系起来,对系统相互作用各层面的直接作用和间接影响进行全面分析,并以一个逻辑统一的事故链将所有相关因素进行理论串联。

REASON 模型由 4 个环节构成:①不安全前提,分为不标准的状态和不标准的操作;②不安全行为,包括决策、技能和感知等差错,以及习惯违规和特殊违规;③组织影响,主要体现在资源分配管理、组织氛围和管理过程控制三个方面;④不安全监督,主要表现为监督不充分、监督违规、计划不恰当和问题未解决等。REASON 模型(见图 1-8)指出,所有的事故都是主动失误和潜在状况共同作用的结果,因此模型从主动失误和潜在状况进行组织事故的分析。主动失误是一线工作人员(飞行员、空中交通管制员、航空器维修人员等)做出可以立刻产生严重后果的行为或不作为,包括差错和违规。复杂的民航系统是由多层安全防范进行充分保护的,安全防范被突破或突破性潜力被激发之前的状况,称之为潜在状况。

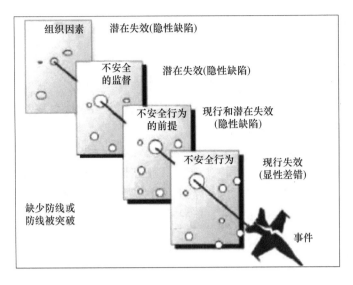

图 1-8 REASON 模型

(2) SHELL 模型

SHELL 模型主要分析系统中不同组成部分对人的影响,以及与人之间的相互作用。SHELL 模型见图 1-9。在安全风险管理中该模型用于支持评估人的因素对安全绩效的影响,建立以人的因素为中心的评估模型。模型主要分析人与硬件、人与软件、人与人、人与环境之间的关系,有助于直观地表现出民航系统各组块与中心人组块之间的不规则性影响。

图 1-9 SHELL 模型

SHELL 模型有 4 个组成部分:①软件(S),包括程序、培训和支持等;②硬件(H),包括机器和设备等;③环境(E),包括人、硬件、软件在系统中正常运作的工作环境;④人(L),工作场所的其他人员。

SHELL 模型用于说明系统组成部分对人的影响和相互作用,并强调在安全风险管理中须考虑人的因素。因此将"人"作为模型的中心,并给出影响人的重要因素,即执行所需任务的个人身体因素,影响个人体内物理过程的生理因素,影响个人面对各种情况的心理因素,以及人在工作和非工作环境中遇到的所有外部因素(社会心理因素)。

随着现代设计和制造业的进步,飞机已经变得越来越可靠,然而重新设计人类是不可能的,人是会犯错误的。但是,人们可通过有效的人员培训,优化工作程序,完善规章制度,采取预防措施来避免差错和管理差错。

与许多事故和事故征候一样,所有的案例都由一系列人为因素问题形成一个事故链。事故的发生不是单一的,往往涉及很多人,如果其中任何一个人对异常提出疑问和质疑,就会有不同的结果,打破事故链,从而避免差错,防止事故的发生。在事故链中,飞行机组是最后一环,因此更为重要和关键。

(3) SHELL 模型和 REASON 模型的安全管理评价分析

SHELL 模型和 REASON 模型均从系统角度分析安全风险的影响因素,但两个模型存在宏观分析和微观分析的差异,SHELL 模型偏于"人-机-环-管"宏观分析,REASON 模型偏于寻找系统中微观差错或失误类的因子。SHELL模型围绕人对组织系统中各要素和特征之间的相互关系进行评价分析,REASON模型沿着工作场所状况和潜在状况两条路径进行组织事故分析,构成事故致因的组织分析过程。SHELL模型和REASON模型的安全管理评价分析见表1-1。

表1-1　SHELL模型和REASON模型的安全管理评价分析

模型	评价因子	评价问题	评价内容
SHELL模型	L-H(人与设备、机器和设备的物理属性之间的关系)	二者之间是否以合乎逻辑和直观地运作	①操作设备方面; ②信息显示方面; ③装置用户控制方面
	L-S(人与工作场所中的各种支持系统之间的关系)	二者之间是否遵循理解过程以及程序的难易程度	①规章、手册、标准操作程序(SOP)等与计算机软件之间的关系; ②涉及如准确性、清晰度等"方便用户"问题
	L-L(人与人之间的关系与互动)	二者之间是否有较好的互动性	①考虑沟通和人际交往技巧,以及团队活力在决定人员绩效方面的重要性; ②考虑组织机构在机组资源管理中的团队绩效; ③考虑工作者与管理者之间的关系以及组织机构文化
	L-E(人与物理环境之间的关系)	二者之间影响与反影响的关系	①民航工作环境对人的正常生活节律的影响; ②民航系统因受政治和经济等制约对环境的反影响
REASON模型	工作场所状况	确定直接影响民航工作场所人员效率的各种因素	①职工人数的稳定性; ②资质和经验; ③精神面貌; ④管理可信度; ⑤其他人因工程学因
	潜在状况	总结最初未被视为有害的,而在实际运行层面又显现出来的因素	①安全文化; ②冲突的组织机构目标; ③有缺陷的组织制度或管理决策
	主动失误	识别可立即产生负面影响的行为或不作为等因素	①基于正常差错的结果; ②源自对各种规定程序和做法的偏差
	防护机制	控制潜在状况以及人行为能力过失等	基于技术、培训和规章的强化现有机制或建立新的机制

(4) 冰山理论

"冰山理论"又称海恩法则(Heinrich's Law),是德国飞机涡轮机的发明者帕布斯·海恩提出的一个在航空界关于安全飞行的法则,海恩法则指出:每1起严重事故的背后,必然有29次轻微事故和300起事故征候以及1000起事故隐患,3 000处员工违章操作甚至更多不安全因素。图1-10为"冰山理论"的示意图。

图1-10 "冰山理论"示意图

从"冰山理论"得出的启示:只有缩小冰山水面以下的体积,露出水面的部分才会减小,要减少事故的发生就是减少事故征候和不安全事件的发生。对于人们来说,所有的不安全事件都是重要的,因为这些不安全事件可能是对潜在事故的预警,一旦差错发生在不同的环境下,事故可能就发生了。

"冰山理论"被越来越多的工业领域安全管理案例所证实,其以事实告诉人们,严重事故是由一般事故、事故征候和事故隐患所引发造成的,简单说就是"事故背后有征兆,征兆背后有苗头"。"冰山理论"同时也揭示了一个重要的事故预防原理:要预防严重死亡伤害事故,必须预防轻伤害事故;预防轻伤害事故,必须预防无伤害事故;预防无伤害事故,必须消除日常不安全行为和不安全状态。能否消除日常不安全行为和不安全状态,取决于日常管理和落实是否到位,也就是人们常说的精细化管理。

"冰山理论"强调两点:一是事故的发生是量积累的结果;二是消除或解决"小事"是防止出"大事"发生的根本。"冰山理论"说明任何一起事故的发生都是有原因的,并且有征兆;它同时说明安全生产是可以控制的,安全事故是可以避免的。

安全事故发生不是偶然的,事故背后一定存在安全生产隐患和不安全因素。对于企业来说,预防安全事故的发生,必须消除各方面安全隐患,从制度和组织架构着手,不断开辟安全管理的新途径和有效手段,将安全管理真正落到实处,防事故于未然。

1.2.3 通用航空安全管理体系建设现状

近年来,我国通用航空高速发展,长期稳定持续的安全运营也就成了通用航空产业发展面临的首要问题。根据通用航空运行环境复杂、保障设施薄弱和航空器品种繁杂等特点,基于安全目标管理、PDCA、系统原理和风险管理理论,参考《安全管理手册(SMM)》,结合我国通用航空安全管理模式,将我国通用航空安全管理体系(SMS)分为四大模块,即基础模块、运行模块、监督模块、改进模块,如图 1-11 所示。

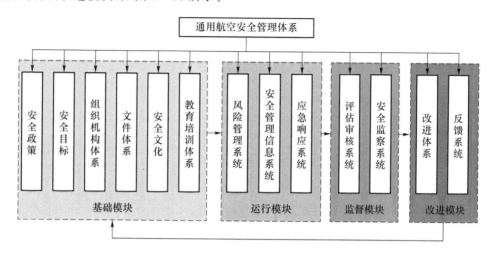

图 1-11 安全管理体系结构图

1. 基础模块

(1) 安全政策

安全政策是安全管理信息体系构建的行动准则和基本理念,其中民航局和国家所颁布的相关法律法规是最主要的标准。

(2) 安全目标

安全目标包括年度目标和远景目标,在制订安全目标时尽可能使目标量化和细化,使其能够形成符合国家、行业主管部门相关要求及自身特点和定位的安全目标体系,并且具有明确的责任界定、可操作性和激励导向作用。

(3) 组织机构

组织机构的作用是根据生产发展以及规模的需要,对民航以及国家的相关要求实现权责分明,完善安全运行的问责办法,落实全员安全责任制。

(4) 文件体系

文件体系的作用是便于查阅和追溯,确保文件的一致性并与运行环境相符合。

(5) 安全文化

安全文化是安全管理者在安全执行的过程中所概括出的一种安全行为文化。

(6) 教育培训体系

教育培训体系的作用是加强员工的安全素质和安全意识,目标是使教育形式多样化、教育内容规范化、教育要有针对性、充分调动职工的积极性等。

2. 运行模块

(1) 风险管理系统

风险管理系统包括三个基本要素:①风险识别:危险因素或安全隐患的有效识别;②风险评估:风险出现的可能性以及后果分析;③风险控制:最佳的风险控制方案。

(2) 安全信息管理系统

安全信息管理系统的作用是对安全信息进行收集整理、分析挖掘、处理、发布、储存和反馈,积极构建起信息渠道,为安全监督、审核与评估、风险管理和安全目标制定等安全活动提供决策依据。

(3) 应急响应系统

应急响应系统是由预防性减灾、应急准备、快速反应和事故现场恢复组成的综合应急救援保障体系。

3. 监督模块

(1) 评估审核系统

通用航空安全管理体系中的评估审核系统对运行过程中存在的危险性进行定性、定量客观评价分析,查明通用航空系统的薄弱环节和潜在风险,评估通用航空公司系统安全状态。

(2) 安全监察体系

安全监察体系通过系统、有针对性地对各职能部门的安全状况进行定期和不定期的监督,保证安全管理工作的顺利进行。

4. 改进模块

(1) 改进体系

持续改进安全水平是一个组织永恒的目标,改进体系的作用是周期性地审核现有的安全管理体系,识别具有改进潜力的方面。内容主要包括:

① 分析和评价现有安全管理体系现状,以识别改进的区域;
② 确定改进的目标;
③ 寻找改进目标的办法和途径,实现这些目标;
④ 评价这些解决办法并做出决策;
⑤ 实施选定的解决办法;
⑥ 验证、分析和评价改进的结果,以确定这些目标已经实现;
⑦ 正式采纳。

(2) 反馈系统

反馈系统用于确保安全管理的有效落实,同时也决定了控制系统是否能够及时并且较为准确地进行处理、接受和利用各种反馈信息,形成安全管理体系的闭环管理,进而改进 SMS 系统。

1.2.4 安全管理体系的实施

进行安全文化教育和应用安全信息管理系统是实施通用航空安全管理体系的两大重要手段:

(1) 安全文化教育

安全文化教育包括安全文化、安全制度和安全教育培训。

① 保证通用航空所有者及高层管理者有安全管理理念;
② 通过安全教育知识的普及提高安全管理人员的监管理念;
③ 将安全管理理念形成企业文化。

(2) 安全信息管理系统

安全信息管理系统包括航空安全信息的收集处理系统、安全风险管理系统、通用航空公司风险管理程序。

通用航空安全管理体系实施的着手点是安全文化教育。基于上述着手点,根据通航运行机制缺陷等实际状况,按照现行的民航标准通用航空安全管理体系,制定了通用航空安全管理体系实施的流程图,如图1-12所示。

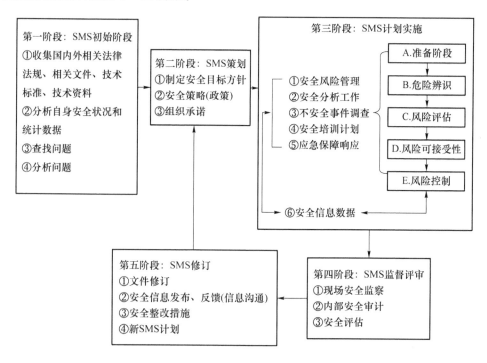

图1-12 通用航空安全管理体系实施的流程图

1.3 航空安全的影响因素

航空安全的影响因素较多,主要包括人为因素、飞机因素、环境因素、管理因素、技术培训水平以及其他影响航空安全的因素。

1. 人为因素

① 机组人员的原因。机组人员安全责任感不强、操作技能不高、操作过失、判断失误、作业环境不熟悉、缺乏特殊情况的处置经验、心理素质差、反应不灵敏、身体突然发病、精力不集中,以及机组人员配合不和谐等都会影响飞行安全。

② 空中交通管制人员的原因:空中交通管制人员的失误同样会导致事故。例如,所给信号的失误、语言交流的失误等。

③ 机务维修人员的原因:维修技术也是保障飞机质量的关键,与机械有关的事故占空难事故的30%左右。

2. 飞机因素

飞机因素是指飞机部件损坏,如发动机故障、起落架失控、驾驶控制与通信系统失灵等。飞机的部件质量,与结构设计、材料选择等有关。

3．环境因素

① 作业环境因素。航路结构的难易程度、作业现场的净空条件及通用航空作业的复杂程度等,也直接影响飞行安全。

② 天气因素。恶劣的天气情况,如雷电、切变风、冰雹等,都会引起飞机机械或通信导航问题。特别是通用航空飞行,飞行的高度不如公共航空,更容易受到天气因素的影响。

4．管理因素

安全管理制度也是非常重要的。对于机组人员,必须有严格的技术水平和身体标准考核制度。对于机务维修人员,不仅需要有技术水平的考核,还需要有机务维修质量的控制程序。航空器、航材、航油等生产部门,必须建立严格的质量管理和安全管理制度。

5．技术培训水平

技术培训对提高飞行和机务维修人员操作能力和技术水平有直接作用。如飞行员的模拟驾驶训练,机务维修工程技术人员的故障分析讲评,都会对飞行安全产生间接影响。

6．企业文化

企业的安全文化氛围对减少差错的发生、保证安全有着重要的影响。企业的安全文化属于企业文化的一个组成部分,安全文化是个人和集体的价值观、态度、想法、能力和行为方式的综合表现,它决定对安全的承诺、工作作风和对安全承诺的履行。换句话说,企业安全文化就是企业安全价值观、信念、道德、理想、最高目标、风气、行为准则的复合体。加强安全文化建设,可使员工、管理人员尽量少地遭遇危险和伤害,是保障航空安全的深层次推动力。

7．其他因素

人为蓄意破坏、暴力行为及鸟击等会对通用航空飞行安全造成严重威胁。

第 2 章　民航安全管理体系

安全管理体系的目标是向服务提供者提供一种系统性的安全管理方法,它旨在通过以下几个方面来不断提高安全绩效:查明危险、收集和分析安全数据和安全信息,以及持续评估安全风险。安全管理体系力求在安全风险引发航空事故和事故征候之前采取主动措施来降低这些风险。安全管理体系使服务提供者能够有效地管理其活动、安全绩效和资源,同时更深入地了解它们对航空安全的贡献。

国际通用航空运营人应按照登记国的规定,为其运营的航空器确定安全管理体系标准,并确保其安全管理体系被登记国所认可。为促使安全管理体系可被认可,国际通用航空运营人应询问登记国是否允许使用行业业务守则。

2.1　安全管理体系(SMS)框架

《国际民用航空公约》附件19(Annex 19)规定了安全管理体系的实施和维护框架。无论服务提供者的规模和复杂性如何,安全管理体系框架的所有要素都适用。框架中的实施办法应根据组织结构及其活动情况来确定。国际民航组织安全管理体系框架包含4个组成部分和12项要素,见表2-1。

表 2-1　国际民航组织安全管理体系框架的组成部分和要素

组成部分	要　素
安全政策和目标	管理层承诺
	安全问责和责任
	任命关键安全人员
	协调制订应急预案
	安全管理体系文件
安全风险管理	查明危险
	安全风险的评估与缓解措施
安全保证	安全绩效监测与衡量
	变更管理
	持续改进安全管理体系
安全宣传	培训与教育
	安全信息交流

2.2　安全政策和目标

安全政策和目标是安全管理体系框架的第1个组成部分,其阐述了高级管理层对安全的承诺、安全目标和支持性组织结构。管理层的承诺和带领开展安全工作是实施一个有效安全管理体系的关键所在,其通过安全政策和确定安全目标来体现。

管理层的安全承诺是通过管理决策和资源分配来体现的,这些决策和行动应始终与安全政策和目标保持一致,以培养一种积极的安全文化。

安全政策应由高级管理层制订和核准,并由责任主管签字确认。在拟定安全政策和目标时,应征求关键安全人员的意见,并酌情征求员工代表机构(员工论坛、工会)的意见,以促进共同承担责任的意识。

1. 管理层承诺

(1) 在安全政策方面

安全政策应得到高级管理层和责任主管的"明显支持"。"明显支持"指的是让管理层对安全政策的积极支持可让组织机构的其他部门看到,可以通过任何交流手段和使各项活动与安全政策保持一致来实现。

管理层有责任在整个组织机构内传达安全政策,确保所有人员都了解安全政策并据以开展工作。安全政策应包括以下几方面的承诺:

① 不断提高安全绩效水平;
② 在组织内推动和维护一种积极的安全文化;
③ 遵守所有适用的规章要求;
④ 提供必要的资源以交付一种安全产品或服务;
⑤ 确保安全是所有管理人员的首要责任;
⑥ 确保各级了解、实施和维护安全政策。

安全政策还应提及安全报告系统,鼓励报告安全问题,并通知工作人员在报告安全事件或安全问题时适用的纪律政策。

纪律政策用于确定是否发生了错误或违反规则,以便组织机构能够确定是否应采取纪律处分行动。为了确保公平对待相关人员,负责决策处分行动的人员必须具备必要的专业知识,以便能够充分考虑事件的背景。

关于安全数据和安全信息以及报告者的保护政策可以对报告文化产生积极影响。服务提供者和国家应允许隐去报告者的身份信息并对报告进行汇总,以便在不牵连个人或特定服务提供者的情况下进行有意义的安全分析。由于重大事件可能要求采用服务提供者安全管理体系之外的过程和程序,因此相关国家当局可能不允许所有情况下均提前隐去报告者的身份信息。但是,制订一项允许适当隐去报告者身份信息的政策可提高所收集数据的质量。

(2) 在安全目标方面

服务提供者还应在考虑到其安全政策的情况下确定安全目标,以规定其在安全成果方面所要实现的目标。安全目标应简短、高层次地陈述组织机构的安全优先事项,并应涉及其最重大的安全风险。安全目标可以包括在安全政策中(或者单独形成文件),并且可以规定组织机构在安全方面打算实现的目标。服务提供者需要确定安全绩效指标(SPIs)和安全绩效目标(SPTs),以便监测这些安全目标的实现情况。

服务提供者应定期审查安全政策和安全目标,以确保它们始终与时俱进(例如:更换责任主管,则须进行审查)。

2. 安全问责和责任

(1) 责任主管

责任主管通常是首席执行官,是对组织的安全运行有最高权力的人。责任主管制订并推动落实安全政策和安全目标,并将安全作为组织机构的一项社会主义核心价值观进行宣传。责任主管应有权代表组织机构做出决定、控制财政和人力资源、负责确保采取适当行动处理安全问题和安全风险,还应负责对事故和事故征候采取应对措施。

服务提供者在确定责任主管的人选方面可能存在着挑战,对于拥有多个实体和多个证书、多重授权或批准的大型复杂组织,挑战尤为突出。被选中的人须在组织中处于最高层,以确保可做出正确的战略性安全决策。服务提供者应指定责任主管,承担总体安全绩效责任,并在组织内有权采取行动,以确保安全管理体系能有效实施;同时,应界定所有管理人员的具体安全职责,因为他们在安全管理体系实施过程中能够推动建立一种积极的安全文化。安全责任、问责和权力应记录在案,并在整个组织内进行传达。管理人员的安全职责应包括分配必要的人力、技术、财政或其他资源,以有效和高效地实施安全管理体系。

如果安全管理体系适用于民航法律法规下的通航公司,有运营证书、民航批准或授权证书的,则应确定一个单独的责任主管。如果无法做到这一点,则应为每个组织证书、授权或批准证书确定单独的责任主管,并明确职责;同时还必须确定如何对他们的安全职责进行协调。

责任主管以一种显见方式参与通用航空安全体系建设的最有效方法之一是定期召开行政人员安全会议。责任主管对组织的安全负有最终责任,因此积极参与这些会议能够:

① 审查安全目标;

② 监测安全绩效及安全目标达成情况;

③ 及时做出安全决策;

④ 分配适当的资源;

⑤ 要求管理人员对安全责任、绩效和实施时间表负责;

⑥ 让所有人员都看到自己是一名关注并负责安全事务的行政人员。

通常,责任主管不参与组织的日常活动,也不参与处理工作场所面临的问题,但应确保有一个适当的组织结构来管理和运行安全管理体系。安全管理责任往往委托给高级管理团队和其他关键安全人员。尽管安全管理体系日常运作的责任可以委托出去,但责任主管不能把对安全管理体系的问责也委托出去,也不能把安全风险的决策权委托出去。例如,不能委托下列安全问责:

① 确保安全政策是合适的并进行政策传达;

② 确保分配必要的资源(融资、人员、培训、采购);

③ 设定可接受的安全风险范围,并提供资源以实施必要控制措施。

责任主管应承担下列安全问责:

① 提供足够的财政和人力资源,以适当实施有效的安全管理体系;

② 宣传一种积极的安全文化;

③ 制订和推行安全政策；
④ 确定组织的安全目标；
⑤ 确保安全管理体系得到适当实施且按照要求来执行；
⑥ 确保安全管理体系得以持续改进。
责任主管的最终权力包括但不限于以下两方面：
① 解决所有安全问题；
② 根据组织证书、授权或批准证书进行运作，包括有权停止运行或活动。

应界定就安全风险承受能力做出决定的权力。这涉及谁能就风险的可接受性做出决定，并涉及商定实施变更的权力。这种权力可以分配给某个人、某个管理职位或某个委员会，就安全风险承受能力做出决定的权力应与管理者的总体决策权和资源分配权相称。可授权级别较低的管理者（或管理小组）就不超过某个级别的安全风险的承受能力做出决定，超出管理者权力范围的风险水平必须交由权力更大的更高一级管理者来考虑。

(2) 问责和责任

应明确界定参与履行安全相关职责以支持安全产品和服务交付的所有员工、管理人员和工作人员的问责和责任。安全责任应侧重于工作人员对组织安全绩效（组织安全成果）的贡献。安全管理是一项核心职能，因此每位高级管理人员都在一定程度上参与安全管理体系的运行。所有明确界定的问责、责任和权限都应在服务提供者的安全管理体系文件中说明，并在整个组织内传达。每位高级管理人员的安全问责和责任是其职位说明的组成部分。每位高级管理人员还应对一线管理人员和安全管理人员之间的安全管理职能进行区分。

整个组织的安全问责的划分及如何对划分加以界定将取决于组织的类型和复杂性，以及它们的首选传达方法。通常，安全问责和责任将反映在组织结构图、部门责任的界定文件以及人员职务或职责说明中。服务提供者应力求避免工作人员的安全责任与其他组织责任之间出现利益冲突。在分配其安全管理体系问责和责任时，应最大程度减少重叠或差距。

在针对外部组织机构的问责和责任方面：如果有一个安全管理体系的对接口，则服务提供者对外部组织的安全绩效负有责任。服务提供者可能被要求对支持其活动的外部组织提供的产品或服务的安全绩效负责，即使这些外部组织机构无需安全管理体系。服务提供者的安全管理体系必须与外部组织的安全系统对接，以助于其产品或服务的安全交付。

3. 任命关键安全人员

任命一位或多位称职的人员来履行安全管理人员的职责，对安全管理体系的有效实施和运行至关重要。安全管理人员可以有不同的称谓，本书使用"安全管理人员"这一通用术语，它指的是职能，不一定指个人。执行安全管理人员职能的个人对责任主管负责，负责实施安全管理体系并向组织内部其他部门提供安全服务。

安全管理人员还向责任主管和一线管理人员提供安全管理事宜方面的建议，并负责对组织机构内部以及与航空界外部成员进行安全问题的协调和沟通。安全管理人员的职能包括但不限于以下几方面：
① 代表责任主管管理安全管理体系的实施计划（在初步实施之后）；
② 开展/推动危险识别和安全风险分析；

③ 监测纠正行动并评估纠正行动的结果；
④ 提交关于组织安全绩效的定期报告；
⑤ 维护安全管理体系文件和记录；
⑥ 规划并推动员工安全培训；
⑦ 就安全事务提供独立意见；
⑧ 监测航空业内的安全问题，以及这些问题对组织产生的影响；
⑨ 代表责任主管与中国民航局和其他国家当局就安全相关事宜进行必要的协调和沟通。

大多数组织会任命某一人为安全管理人员。根据组织的规模、性质和复杂性，安全管理人员的职责可能是一项，也可能同时履行其他职责。此外，一些组织可能会将这一职责分配给一个群体。组织必须确保职责分配不会导致任何利益冲突。安全管理人员应尽可能不直接参与产品或服务的交付，但应具备这些方面的专业知识。人员任命还应考虑到与其他任务和职能之间的潜在利益冲突，此类利益冲突可能包括：

① 资金方面的竞争（例如财务经理兼职安全管理人员）；
② 资源方面的优先次序冲突；
③ 安全管理人员参与运行，同时还能对其参与的运行活动的安全管理体系的有效性进行评估。

如果将职能分配给一群人（例如，当服务提供者将其安全管理体系扩展到涵盖多项活动时），应指定其中一人为"首席"安全管理员安全管理人员的胜任能力应包括但不限于以下几方面：

① 安全、质量管理经验；
② 组织所提供产品或服务方面的操作经验；
③ 技术背景，了解对运行或所提供产品/服务提供支持的系统；
④ 人际交往技能；
⑤ 分析和解决问题的技巧；
⑥ 项目管理技巧；
⑦ 口头和书面沟通技巧；
⑧ 了解人的因素。

根据组织的规模、性质和复杂性，可调用额外的工作人员来支持安全管理人员。安全管理人员和辅助人员负责及时收集和分析安全数据，并在组织内适当宣传相关安全信息，以便必要时做出安全风险决策和采取控制措施。服务提供者应建立适当的安全委员会，以支持整个组织内各项安全管理体系职能。这应该包括确定谁应参加安全委员会会议和会议召开频次。最高一级的安全委员会有时称为安全审查委员会（SRB），包括责任主管和高级管理人员，安全管理人员以顾问身份参加安全委员会。安全审查委员会是战略性委员会，负责处理与安全政策、资源分配和组织绩效相关的高级别问题。安全审查委员会的职责如下：

① 安全管理体系的有效性；
② 是否及时采取了应对措施以及实施必要的安全风险控制措施；
③ 是否达到了组织安全政策和目标规定的安全绩效；
④ 安全风险缓解战略的总体有效性；

⑤ 组织安全管理过程的有效性，以支持

a. 宣布组织内部安全管理方面的优先事项；

b. 提升整个组织的安全水平。

最高级别的安全委员会制定战略目标后，应立即在整个组织内协调实施安全战略。可通过建立更注重操作的安全行动小组（SAG）来实现。安全行动小组通常由管理人员和一线工作人员组成，并由指定的管理人员担任组长。安全行动小组是根据安全审查委员会制定的安全战略来处理具体实施问题的战术实体。安全行动小组的职责如下：

① 监测组织各职能部门的运行安全绩效，并确保开展适当的安全风险管理活动；

② 审查现有安全数据，确定适当的安全风险控制战略的实施情况并确保能够收到员工反馈；

③ 评估运行变更或新技术的引入所产生的安全影响；

④ 协调实施与安全风险控制有关的任何行动，并确保迅速采取行动；

⑤ 审查具体的安全风险控制措施的有效性。

4. 协调制订应急预案

紧急情况是一种突发意外情况或事件，须立即采取应对措施。协调制订应急预案是针对在发生意外航空运行紧急情况下，在某一有限时间内要采取的活动制订计划。应急预案（ERP）是服务提供者安全风险管理过程的一个组成部分，用于处理航空相关的紧急情况、危机或事件。如果服务提供者的航空运行或活动有可能受到公共卫生突发事件/大流行病等紧急情况的影响，也应在其应急预案中酌情处理。应急预案应处理通过安全管理体系查明的可预见的紧急情况，包括风险降低行动、过程和风险控制措施，以有效地管理航空相关紧急情况。

应急预案的总体目标是继续安全运行和尽快恢复正常运行，确保从正常运行到紧急运行的有序和高效过渡，包括应急处置责任的分配和权力的下放。应急预案确定了在紧急情况下负责人员应采取的行动。在大多数紧急情况下，将需要不同组织机构之间协调采取行动，可能需要与其他服务提供者和非航空相关紧急服务机构等其他外部组织机构协调采取行动。应急预案应便于相关关键人员及参与协调的外部组织机构获取。

5. 安全管理体系文件

安全管理体系文件应包括最高级别的《安全管理体系手册》，该手册描述了服务提供者的安全管理体系政策、安全管理过程和程序，以便组织对安全管理体系进行内部管理、沟通和维护。安全管理体系文件应能帮助相关人员了解组织安全管理体系的功能以及如何实现安全政策和目标。该文件应包括系统描述，并对安全管理体系的边界予以明确；还应有助于澄清各种政策、过程、程序与做法之间的关系，并说明这些方面如何与服务提供者的安全政策和安全目标相关联。文件应改编和编写成包含易于被组织内所有人员了解的日常安全管理活动。

《安全管理体系手册》还可作为服务提供者与关键安全利害攸关方之间的一种主要安全信息交流工具（如，服务提供者与民航局之间的交流工具，以便监管层认可安全管理体系、加以评估和后续监测）。《安全管理体系手册》可以是一个独立的文件，也可将其与服务提供者保有的其他组织文件（或文档）进行整合。如果组织的安全管理体系过程已在现有文件中进行了详述，只须适当交叉引用此类文件即可，此种安全管理体系文件必须随时更新。因为《安全管理体系手册》是受控文件,所以在对手册进行重大修订之前,可能须征得民航局同意。

《安全管理体系手册》应详细描述服务提供者的安全政策、安全管理过程和程序,具体包括：

① 安全政策和安全目标；
② 适用的安全管理体系的规范性要求；
③ 系统描述；
④ 安全问责和关键安全人员；
⑤ 自愿性和强制性安全报告系统的过程和程序；
⑥ 危险识别和安全风险评估过程和程序；
⑦ 安全调查程序；
⑧ 建立和监测安全绩效指标的程序；
⑨ 安全管理体系培训的过程、程序和传达；
⑩ 安全信息交流过程和程序；
⑪ 内部审计程序；
⑫ 变更管理程序；
⑬ 安全管理体系文件管理程序；
⑭ 在适用的情况下,对应急预案制订工作的协调。

安全管理体系文件内容还包括编写与维护可证实安全管理体系存在并持续运行的运行记录。运行记录是安全风险管理和安全保证活动等安全管理各种过程和程序的输出。组织应存储安全管理体系运行记录并按照现有的保留期限予以保存。安全管理体系运行记录通常包括：

① 危险登记册和危险/安全报告；
② 安全绩效指标和相关图表；
③ 完整安全风险评估记录；
④ 安全管理体系内部审查或审计记录；
⑤ 内部审计记录；
⑥ 安全管理体系记录/安全培训记录；
⑦ 安全管理体系/安全委员会会议纪要；
⑧ 安全管理体系实施计划(初步实施期间)；
⑨ 为支持实施计划进行的差距分析。

2.3 安全风险管理

服务提供者应确保系统中的安全风险得到管理。该过程被称为安全风险管理(SRM),包括危险识别、安全风险评估和安全风险缓解。

安全风险管理过程中可系统地识别产品或服务交付背景下存在的风险。该危险可能源自设计、技术功能、人机接口或与其他过程和系统的交互方面存在缺陷的系统,也可能源自现有过程或系统不能根据服务提供者运行环境的变化做出调整。对这些因素进行仔细分析常常可发现在运行或活动生命周期内任何节点存在的潜在危险。

　　了解系统及其运行环境对于实现高安全绩效至关重要。对系统进行详细描述,以便对系统及其接口进行界定,将大有裨益。在整个运行生命周期中,组织可以识别来自内部和外部来源的各种危险,同时需要不断审查安全风险评估和安全风险缓解措施,以确保它们仍然有效。图2-1所示为服务提供者进行危险识别和安全风险管理过程。

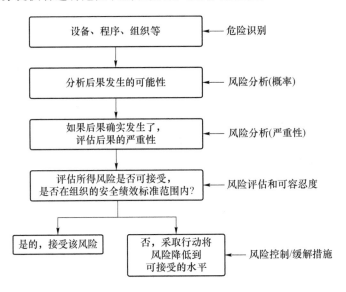

图2-1　危险识别和风险管理过程

2.3.1　危险识别

　　危险识别是安全风险管理过程的第一步。服务提供者应确定并维护一个正式的过程,用于识别可能影响所有运行和活动领域航空安全的危险。识别并控制任何航空安全相关的危险都有利于运行安全。服务提供者还必须考虑安全管理体系与外部组织机构对接可能带来的危险。

1. 危险识别途径

组织机构内部或外部,存在各种危险识别途径。内部途径包括:

① 正常运行监测。利用航线运行安全审计(LOSA)等观测技术来监测日常运行和活动。

② 自动监测系统。该系统使用飞行数据监控(FDM)等自动记录系统来监测可分析的参数。

③ 自愿性和强制性安全报告系统。该报告系统可让包括来自外部组织机构的员工在内的任何人均有机会向组织机构报告危险和其他安全问题。

④ 审计。审计用来识别接受审计的任务或过程存在的危险。审计可与组织机构变更进行协调,以查明实施变更后所导致的危险。

⑤ 来自培训的反馈。交互式(双向)培训可推动培训参与者识别新的危险。

⑥ 服务提供者安全调查。在内部安全调查和事故/事故征候报告中识别危险。

危险识别的外部途径包括:

① 航空事故报告、审查事故报告。这可能与同一国家的事故有关或与类似的航空器机型、地区或运行环境有关。

② 国家强制性和自愿性安全报告系统。一些国家提供从服务提供者处收到的安全报告摘要。

③ 国家监督审计和第三方审计。外部审计有时能够识别出危险，在审计结果中，这些危险可能被记录成未被识别的危险或不加以明显说明。

④ 行业协会和信息交换系统。许多行业协会和产业集团能够共享安全数据，其中可能包括已识别的危险。

2. 安全报告系统

识别危险的主要途径之一是通过安全报告系统，特别是自愿性安全报告系统。虽然强制性报告系统通常用于已发生的事故征候，但自愿性报告系统可针对危险、未遂事故或差错等潜在的安全问题提供额外的一种报告渠道。它们可以向国家和服务提供者提供后果较轻事件的宝贵信息。

服务提供者必须采取适当的保护措施，以鼓励人们报告他们的所遇到的安全问题。例如，对于报告差错，或者在某些情况下，报告违反规则的情况，可不采取强制行动。应该明确指出，人们所报告的信息将仅用于加强安全分析。建立安全报告系统的目的是推动建立一种有效的报告文化和主动识别潜在的安全缺陷。

自愿性安全报告系统应该是保密的，报告人的任何身份信息只有管理员才知道。管理员一职应限于少数几个人，通常限于安全管理人员和参与安全调查的人员。保密将有助于推动披露可导致人为差错的危险，而不用担心报复或难堪。一旦采取了必要的后续行动，自愿性安全报告便有可能被隐去身份信息并归档。去除身份信息的报告能够支持未来的趋势分析，以跟踪风险缓解措施的效果并识别正在出现的危险。

鼓励各级和各学科人员查明危险和其他安全问题，并通过安全报告系统进行报告。为了行之有效，安全报告系统应随时可供所有人员使用。根据具体情况，可以使用纸张、网络或台式计算机进行报告。提供多种录入方法能最大程度提高员工参与的可能性。每个人都应知道安全报告的益处及应该报告的内容。

任何提交了安全报告的人都应收到反馈，以得知已做出何种决定或采取何种行动。对报告系统的要求、分析工具和方法进行统一能够促进安全信息的交换以及某些安全绩效指标的对比。向自愿报告者提供反馈的另外一个目的是表明此类报告得到了认真考虑，这有助于推动建立一种积极的安全文化，并鼓励人们进行报告。如果存在大量安全报告，则可能需要进行筛选。这可能涉及开展初步安全风险评估，以决定是否需要进一步调查以及需要何种程度的调查。通常使用分类法或分类系统对安全报告进行筛选，使用分类法来筛选信息更易于识别常见问题和趋势。服务提供者应制订可涵盖其运行类型的分类法。使用分类法的缺点是有时识别出的危险并不完全归属于任何所界定的类别。因此，面临的挑战是如何确保分类法的使用既足够具体化以使得危险易于归类，又足够一般化以使得危险有分析价值。一些国家和国际贸易协会已经制定了一些可供使用的分类法。

其他危险识别方法包括举行研讨会，供专题专家对各种情景进行详细分析。这些会议的召开得益于经验丰富的操作人员和技术人员的支持。可利用现有的安全委员会(安全审查委员会、安全行动小组等)来开展此类活动;也可利用该小组来评估相关安全风险。所识别出的危险及其潜在后果应记录在案,这些记录将用于安全风险评估过程。危险识别过程考虑在服务提供者的航空活动范畴内可能存在的所有危险,包括与组织内外其他系统对接时可能带来的危险。危险一经识别,就应确定其后果(即任何特定事件或结果)。

3. 危险调查

危险调查应持续进行,其是服务提供者正在进行的活动的一部分。有些情况可能值得开展更详细的调查,这些情况包括

① 组织经历航空安全相关事件或不守规情况出现不明原因的增加;

② 组织或其活动发生重大变更。

2.3.2 服务提供者安全调查

《国际民用航空公约》附件13(Annex 13)规定的事故和事故征候调查与服务提供者安全调查有明显的区别。根据附件13中规定,事故和严重事故征候由国家负责调查。此类信息对传播从事故和事故征候中吸取的经验教训至关重要。服务提供者的安全调查由服务提供者作为其安全管理体系的一部分来进行,以支持危险识别和风险评估过程。有许多安全事件不属于附件13范畴,但它们可以提供一种有价值的危险识别途径或识别风险控制措施中的薄弱之处。这些问题可通过服务提供者牵头进行的安全调查来予以披露和补救。

服务提供者进行安全调查的主要目的是了解发生了什么,以及如何通过消除或减小安全缺陷以防止今后发生类似的情况。为此,应对事件进行仔细和系统检查,并根据所吸取的经验教训来降低再次发生的可能性。服务提供者安全调查是服务提供者安全管理体系的组成部分。服务提供者对安全事件和危险进行调查是航空业总体风险管理过程的一项重要活动。进行安全调查的益处包括:

① 更好地了解导致事故发生的原因;

② 确定人力、技术和组织方面的诱因;

③ 查明危险并进行风险评估;

④ 提出减少或消除不可接受风险的建议;

⑤ 确定应与航空界有关成员分享的经验教训。

1. 调查的触发点

服务提供者开展安全调查的触发点通常是安全报告系统提交的通知(报告)。图2-2所示为安全调查决策过程。

并非所有发生的事件或危险都能够或应该进行调查,进行调查的决定及调查深度应取决于事件或危险的实际或潜在后果。有可能带来较高风险的事件和危险比可能带来较低风险的事件和危险更有可能接受调查,且应更深入地调查。服务提供者应该采用一种有效的决策方法,并界定调查的触发点。这些触发点将指导安全调查决策(调查内容及调查范围),包括:

① 结果的严重性或潜在严重性;

② 进行调查的监管要求或组织要求;

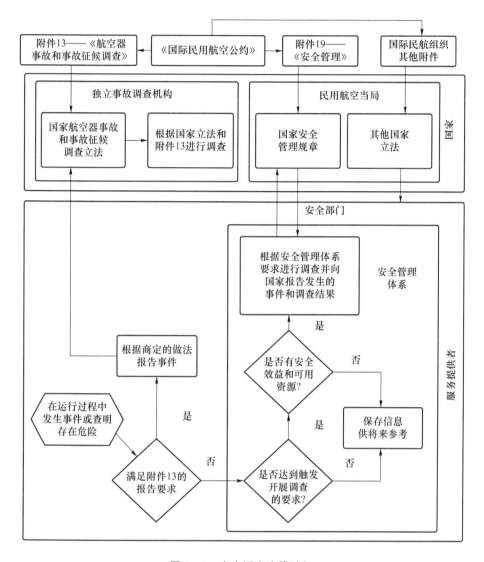

图 2-2 安全调查决策过程

③ 要获得的安全值；
④ 采取安全行动的机会；
⑤ 不开展调查可引发的风险；
⑥ 对制订针对性安全方案所起的作用；
⑦ 已查明的趋势；
⑧ 培训益处；
⑨ 资源可获性。

2. 指派调查人员

开始调查前，首先要任命一名调查员，或者在可获得资源的情况下，任命一个具备所需技能和专门知识的调查小组。调查小组的规模及其成员的专长结构取决于所调查事件的性质及其严重程度。调查小组可能需要其他专家的协助，通常指派一人在运行与安全办公室专家的支持下进行内部调查。

服务提供者安全调查人员最好在组织上独立于与事件或所查明危险有关的领域。如果调查人员了解（经过培训）并可熟练开展（有经验）服务提供者的安全调查，则会取得更好的结果。调查人员最好是因为其知识、技能和性格特征而被选择担任这个角色，这些特征应包括正直、客观、逻辑思维强、务实与横向思维强。

3. 调查过程

调查过程包括查明发生了什么以及为什么会发生，这可能需要在调查中进行根本原因分析。最好在事件发生后尽快对涉事人员进行访谈。调查应包括：

① 确定关键事件的时间表，包括所涉人员的行动；
② 审查与活动有关的所有政策和程序；
③ 审查所做出的所有事件的相关决定；
④ 查明所采取的可防止事件发生的任何风险控制措施；
⑤ 审查任何先前发生的事件或类似事件的安全数据。

对安全风险进行评估之后，可以实施适当的安全风险控制措施，必须让"最终用户"和专题专家参与确定合适的安全风险控制措施，让合适人员参与进来将可最大程度地提高所选安全风险缓解措施的实用性。在实施任何安全风险控制措施之前，应确定任何意外后果，特别是可能引入的新危险。

商定和实施安全风险控制措施时，应立即对安全绩效进行监测，以确保安全风险控制措施的有效性。为验证运行条件下新的安全风险控制措施的完整性、效率和有效性，对安全绩效进行监测非常必要。应将安全风险管理的输出记录在案，记录内容应包括危险和任何后果、安全风险评估以及采取的任何安全风险控制行动，以便于跟踪和监测。此种安全风险管理文件成为组织安全知识的历史来源，可用于进行安全决策时的参考以及用于安全信息交流。此种安全知识可为安全趋势分析和安全培训与交流提供素材；也可供内部审计用于评估安全风险控制措施和行动是否已经实施以及是否有效。

2.4 安全保证

安全保证是为确定安全管理体系是否按照期望和要求运作而实施的过程和活动。安全保证活动涉及持续监测其过程及其运行环境，以查出可能带来新的安全风险或导致现有安全风险控制措施出现退化的变化或偏差。然后通过安全风险管理过程来处理这些变化或偏差。安全保证活动应包括制订和实施针对发现的任何具有潜在安全影响的问题所采取的行动。这些行动将持续提高服务提供者安全管理体系的绩效。

2.4.1 安全绩效监测与衡量

为了核验安全绩效和验证安全风险控制措施的有效性，需要进行内部审计及制订和监测安全绩效指标。评估安全风险控制措施的有效性十分重要，因为这些措施的应用并非总能达到预期的效果。评估将有助于确定是否选择了正确的安全风险控制措施，是否会导致采用一种不同的安全风险控制战略。

1．内部审计

开展内部审计的目的是评估安全管理体系的有效性，并确定有待改进的方面。大多数航空安全规章是国家制定的通用安全风险控制措施。通过内部审计来确保遵守规章是安全保证的一个主要方面，另外还必须确保任何安全风险控制措施均得到有效实施和监测，如查明不合规情况和其他问题，应调查并分析原因。内部审计主要侧重于审计安全风险控制措施所依据的政策、过程和程序。

内部审计如果由独立于被审计的职能部门的人员或部门进行，则最有效。此类审计应向责任主管和高级管理层提供反馈信息，使其得知：

① 规章遵守情况；

② 政策、过程和程序遵守情况；

③ 安全风险控制措施的有效性；

④ 纠正措施的有效性；

⑤ 安全管理体系的有效性。

评估合规性和有效性对达到安全绩效均至关重要，可通过内部审计过程来确定合规性和有效性。可通过询问以下问题来评估每个过程或程序的合规性和有效性：

① 确定合规性：

- 是否有所需的过程或程序？
- 过程或程序是否被记录在案（所界定的输入、活动、接口和输出）？
- 过程或程序是否符合要求（标准）？
- 过程或程序是否在使用？
- 所有受影响人员是否在始终如一地遵循过程或程序？
- 所界定的输出是否正在形成？
- 过程或程序的更改是否已记录并予以实施？

② 评估有效性：

- 用户是否了解过程或程序？
- 过程或程序的目的是否在始终如一地得到实现？
- 过程或程序的结果是否就是"客户"所要求的？
- 是否定期审查过程或程序？
- 在变更过程或程序时，是否进行安全风险评估？
- 过程或程序的改进是否产生了预期的效益？

此外，内部审计应监测在解决先前发现的不合规情况方面取得的进展。这些问题应通过根本原因分析、制订并实施纠正和预防行动计划来解决。对任何不合规的原因和促因的分析结果均应反馈到服务提供者的安全风险管理过程中去。

内部审计过程的结果可成为对安全风险管理和安全保证功能的各种输入之一。内部审计可让服务提供者的管理层得知组织内部的合规水平、安全风险控制措施的有效程度以及需在哪些方面采取纠正或预防措施。民航局可能会提供额外反馈信息，具体涉及规章的遵守情况、安全管理体系的有效性,以及服务提供者所选择的对其组织和过程进行审计的行业协会或其他第三方的有效性。此类第二和第三方审计的结果可为安全保证功能提供支持,让服务提供者得知其内部审计过程的有效性和是否有机会改进其安全管理体系。

2. 安全绩效监测

开展安全绩效监测时,从通常可供组织使用的各种来源收集安全数据和安全信息。获得数据以支持做出知情决策是安全管理体系最重要的一个方面,使用这种数据进行安全绩效监测和衡量是非常重要的活动,可产生安全风险决策所需的信息。

进行安全绩效监测和衡量应遵循一些基本原则,所达到的安全绩效水平可反映出组织机构的行为,也可衡量安全管理体系的有效性。这要求组织机构对以下方面进行界定:

① 安全目标。应首先确定目标,来反映特定组织运行环境下与安全密切相关的战略成就或预期结果;

② 安全绩效指标。安全绩效指标是与安全目标相关的战术参数,可作为数据收集时的参考;

③ 安全绩效目标。安全绩效目标也是战术参数,可用于监测在实现安全目标方面取得的进展。

如果安全绩效指标包括各式各样的指标,则可更加完整和真实地反映服务提供者的安全绩效,包括:

- 低概率/高严重性事件(如事故和严重事故征候);
- 高概率/低严重性事件(如有惊无险的运行事件、不合规报告、偏差等);
- 过程绩效(如培训、系统改进和报告处理)。

安全绩效指标可用于衡量服务提供者的运行安全绩效及其安全管理体系的绩效。安全绩效指标依赖于对来自包括安全报告系统在内的各种来源的数据和信息进行监测。安全绩效指标应为单个服务提供者所特有,并与已确立的安全目标相关联。在确定安全绩效指标时,服务提供者应考虑:

① 对正确的事物进行衡量。确定最适合的安全绩效指标,以表明组织正处于实现其安全目标的正轨上。还应考虑组织面临的最大安全问题和安全风险是什么,并确定表明这些问题和风险是否得以有效控制的安全绩效指标。

② 数据的可获性。能否获取与组织想要测量内容相符的数据?如果不能,则需要确定其他的数据收集来源。对于数据量有限的小型组织机构来说,将数据集中到一起也会有助于识别趋势。这方面可以由能够对来自多个组织的安全数据加以整理的行业协会提供支持。

③ 数据的可靠性。数据因其主观性或不完整性而有可能不可靠。

④ 行业共同的安全绩效指标。与类似的组织商定共同的安全绩效指标以便能够在组织之间进行比较。

确定安全绩效指标后,服务提供者应立即考虑是否适于确定安全绩效目标和警戒级别。安全绩效目标在推动提升安全水平方面是有用的,但如果实施不当,会引发不良行为,而非提高组织安全绩效。不良行为指个人和部门变得过于注重实现目标,可能忽略目标的预期目的。在此类情况下,更合适的做法可能是监测安全绩效指标以得知趋势。可通过下列活动对安全绩效进行监测和衡量：

① 安全研究。通过分析来更深入地了解各种安全问题或更好地了解安全绩效趋势。

② 安全数据分析。使用安全报告数据来发现可能需要开展进一步调查的常见问题或趋势。

③ 安全调查检查与具体运行有关的程序或过程。安全调查可能涉及使用检查单、调查问卷和非正式的保密访谈。安全调查一般提供定性信息，这可能需要通过数据收集来进行验证，以确定是否需要采取纠正措施。不过，通过调查可以提供便宜却有价值的安全信息。

④ 安全审计侧重于评估服务提供者的安全管理体系和支持系统的完整性。安全审计也可用来评估已落实的安全风险控制措施的有效性，或监测安全规章的遵守情况。确保独立性和客观性是安全审计面临的一项挑战，为实现独立性和客观性，可以聘用外部实体或内部审计单位，并采取到位的保护措施（政策、程序、角色、沟通协议）。

⑤ 进行安全调查。安全调查的结果和所提建议能提供有用的安全信息，以便对照所收集的其他安全数据对这些信息进行分析。

⑥ 运行数据收集系统。飞行数据分析、雷达信息等可以提供关于事件和运行绩效的有用数据。

2.4.2 变更管理

服务提供者可因若干因素而经历变化，这些因素包括但不限于：

① 组织扩张或收缩；

② 影响安全的业务改进，这些改进可能导致有助于产品和服务安全交付的内部系统、过程或程序的变更；

③ 组织运行环境的变化；

④ 安全管理体系与外部组织之间的接口的变化；

⑤ 外部监管变化、经济变化和新出现的风险。

变化有可能影响现有安全风险控制措施的有效性。此外，在发生变化时，新的危险和相关安全风险可能被不经意地引入运行中。应根据组织现有危险识别或安全风险管理程序来查明危险并评估和控制相关的安全风险。组织对变更过程的管理应考虑下列因素：

① 至关重要性。变更的影响到底有多么大？服务提供者应考虑变更对其组织活动的影响，以及对其他组织和航空系统的影响。

② 专家的可获性。航空界的关键成员须参与变更管理活动，这可能包括来自外部组织的个人。

③ 安全绩效数据和信息的可获性。可获得哪些数据和信息用于知悉当前情况及促成开展变更分析。

小的增量变化常常不被注意，但是累积影响可能相当大。变更无论大小，都可能影响组织的系统描述，并可能导致需要对其进行修订。因此，鉴于大多数服务提供者都经历定期乃至连续的变更，应定期审查系统描述以确定其持续有效性。服务提供者应界定正式变更过程的触发点，可能触发的正式变更管理变化包括：

① 引进新技术或设备；

② 运行环境的变化；

③ 关键人员的变动；

④ 人员配置水平的显著变化；

⑤ 安全监管要求的变化；

⑥ 组织机构的重大改组；

⑦ 物理变化（新的设施或基地、机场布局变化等）。

服务提供者还应考虑变化对人员的影响，这可能会影响受影响人员接受变化的方式。及早沟通和积极参与通常会改进感知变更和实施变更的方式。变更管理过程应包括以下活动：

① 了解和定义变更。这应包括对变更及为何实施变更的说明。

② 了解和界定受变更影响的人和物。受影响的可能是组织机构内的个人、其他部门或外部人员及其组织机构，也可能是设备、系统和过程。可能需要对系统描述和组织机构之间的对接口进行审查，以此确定变更所涉及的人员。变更可能影响已经采取的旨在降低其他风险的风险控制措施，因此变更可能会增加那些当前并无明显风险的各个领域的风险。

③ 查明与变更有关的危险并进行安全风险评估。应当查明与变更直接相关的任何危险，还应审查变更可能对现有危险和安全风险控制措施的影响。这一步应使用组织现有安全风险管理过程。

④ 制订行动计划。应该界定要做什么、由谁做，以及何时做；还应该制订一个清晰计划，描述如何实施变更，由谁负责哪些活动，以及每项任务的排序和开展时间。

⑤ 签署变更。签署变更是为了确认变更可安全实施。全面负责并有权实施变更的个人应签署变更计划。

⑥ 保证计划。保证计划是为了确定须采取何种后续行动，应考虑如何传达变更，以及在变更期间或之后是否需要开展额外活动（如审计）。所作任何假设均需要进行检验。

2.4.3 持续改进安全管理体系

《国际民用航空公约》附件19（Annex 19）的附录2中3.3节要求"服务提供者监测和评估其安全管理体系过程，以维持或不断提高安全管理体系的整体有效性。"安全保证活动有助于维持和不断提高服务提供者安全管理体系的有效性，此类活动包括验证和持续跟踪所采取的行动和内部审计过程。维护和不断改进安全管理体系是一个持续的过程，因为组织机构本身和运行环境将会不断变化。

内部审计涉及对服务提供者的航空活动进行评估，以便为组织机构的决策过程提供有用信息。内部审计包括对整个组织机构内所有安全管理职能进行评价。

安全管理体系的有效性不应仅以安全绩效指标为依据，服务提供者应致力于采取各种方法来确定其有效性、衡量过程的输出和结果，以及评估通过这些活动所收集的信息。确定有效性、衡量过程的输出和结果的方法包括：

① 审计。包括内部审计和由其他组织机构进行的审计。

② 评估。包括对安全文化和安全管理体系的有效性进行评估。

③ 事件监测。包括对事故和事故征候以及错误和违规情况的重复发生进行的监测。

④ 安全调查。包括文化调查，可提供关于工作人员参与安全管理体系的有用反馈信息。

安全调查还可反映出组织机构的安全文化。

⑤ 管理层审查。检查组织机构是否正在实现安全目标,并可借此机会来查看所有可供使用的安全绩效信息以确定总体趋势。高级管理层须审查安全管理体系的有效性,此项工作可以由最高一级安全委员会执行。

⑥ 评价安全绩效指标和安全绩效目标。评价工作可能是管理层审查的一部分。评价工作对各种趋势加以考虑,如可获取相关数据,则可以与其他服务提供者或国家的数据或与全球数据进行比较。

⑦ 吸取经验教训。经验教训来自安全报告系统和服务提供者的安全调查,且经验教训应推动实施安全改进措施。

总之,对安全绩效和内部审计过程进行监测有助于增强服务提供者不断提升其安全绩效的能力。对安全管理体系及其相关的安全风险控制措施和支持系统进行持续监测,可让服务提供者和国家确信安全管理过程正在实现其期望的安全绩效目标。

2.5 安全宣传

安全宣传应是一种积极的安全文化,并可通过技术能力、有效沟通和信息共享的结合来推动实现服务提供者的安全目标,而技术能力可通过培训和教育不断增强。高级管理层可带头在整个组织机构内推广安全文化。有效的安全管理不能仅通过命令或严格遵守政策和程序来实现。安全宣传可同时影响个人和组织机构的行为,并可对组织机构的政策、程序和过程予以补充,从而建立一个支持安全工作的价值体系。服务提供者应建立和实施可推动整个组织内各级进行有效双向沟通的过程和程序,包括由组织最高层提供明确战略指示并实现"自下而上"的沟通,以鼓励所有人员提供公开和建设性的意见。

2.5.1 培训和教育

《国际民用航空公约》附件19(Annex 19)要求"服务提供者须制订并保存一份安全培训大纲,以确保人员得到培训并有能力履行其在安全管理体系中的各项职责。"附件19还要求"安全培训大纲的范围应与每个人参与安全管理体系的程度相符。"安全管理人员负责确保安全培训大纲能够正常实施。这包括提供与组织所遇具体安全问题相关的安全信息。对人员进行培训并使其有能力履行安全管理职责,无论其在组织中身处哪一级,均表明管理层对有效安全管理体系的承诺。培训大纲应包括初训和复训要求,以保证安全管理人员的胜任能力。安全初训至少应考虑下列因素:

① 组织机构的安全政策和安全目标;
② 组织机构与安全相关的职责和责任;
③ 安全风险管理基本原则;
④ 安全报告系统;
⑤ 组织机构的安全管理体系过程和程序;
⑥ 人的因素。

1. 培训需求分析

对大多数组织机构来说,有必要进行正式的培训需求分析(TNA),以确保清楚地了解机构的运行情况、人员的安全职责和可以开展的培训类型。典型的培训需求分析最开始通常是对受众加以分析,具体步骤如下:

① 组织的每位工作人员都将因安全管理体系的实施而受到影响,但受影响的方式或程度不同。查明每个员工分组以及他们将以什么方式与安全管理过程、输入和输出相互作用。这些信息可从职位/角色描述中获得。服务提供者应考虑是否有必要扩大分析范围,以包括外部对接组织机构中的工作人员。

② 查明履行各项安全职责所需的以及每个工作人员分组所需具备的知识和胜任能力。

③ 开展分析以查明当前全体职工的安全技能和知识与有效履行所分配安全职责所需的安全技能和知识之间的差距。

④ 确定最合适的每个小组的技能发展和知识水平提升方法,根据每个人或小组参与安全管理的情况制定合适的培训大纲。制定培训大纲时还应考虑工作人员安全知识和胜任能力方面的持续需求;这些需求将通过复训的方式来满足。

服务提供者应确定人员的安全管理体系职责,并使用该信息来检查安全培训大纲,确保每个人都接受与其参与安全管理体系的程度相一致的培训。安全培训大纲应具体规定对支持人员、操作人员、管理人员和监督人员、高级管理层领导和责任主管的安全培训内容,应该有针对责任主管和高级管理层领导的特定安全培训,具体涉及下列内容:

① 针对新任责任主管和任职者的特定认知培训,使其了解安全管理体系的问责和责任;
② 遵守国家和组织机构安全要求的重要性;
③ 管理层承诺;
④ 资源分配管理;
⑤ 推行安全政策和安全管理体系;
⑥ 推行一种积极的安全文化;
⑦ 有效的部门间安全信息交流;
⑧ 安全目标、安全绩效目标和警戒级别;
⑨ 纪律政策。

2.5.2 安全信息交流

服务提供者应向所有有关人员传达组织机构的安全管理体系目标和安全管理程序,并制定一种交流策略,以便根据个人的角色和接收安全信息的需要,以最适当的方法进行安全信息交流。安全信息交流可以通过安全通信、通知、公告、情况介绍会或培训课程来进行。安全管理人员还应确保从内部以及其他组织机构的调查中所吸取的经验教训得到广泛的传达。因此,安全信息交流的目的是:

① 确保工作人员充分了解安全管理体系。这是一种推动组织机构安全政策落实和安全目标实现的好方法。

② 传达对安全至关重要的信息。对安全至关重要的信息指的是能让组织机构暴露在安

全风险之下的安全问题和安全风险方面的具体信息,该信息可来自从内部或外部收集的安全信息,如所吸取的经验教训,或者是与安全风险控制措施有关的信息。由服务提供者来确定将哪些信息视为对安全至关重要的信息及信息的传达时限。

③ 加强对新的安全风险控制措施和纠正行动的认识。服务提供者面临的安全风险将随着时间而变化,无论这是已查明的新的安全风险还是安全风险控制措施的变动,均须将这些变动传达给有关人员。

④ 提供新的或经修订的安全程序的相关信息。在对安全程序进行更新时,须让相关人员知道这些变化。

⑤ 推行一种积极的安全文化,并鼓励个人去识别和报告危险。安全信息传达是双向的,须让所有人员通过安全报告系统向组织机构传达安全问题。

⑥ 提供反馈。向提交安全报告的人员提供反馈信息,说明已采取哪些行动来解决已查明的问题。

2.6 实施规划

2.6.1 系统描述

系统描述有助于确定组织机构的各种安全管理过程,包括任何接口,以界定安全管理体系的范围。系统描述可提供一个识别与服务提供者的安全管理体系组成部分和要素有关的任何差距的机会,并可作为一个识别组织危险和运营危险的起点。系统描述可用于确定产品、服务或活动的特征,使安全风险管理和安全保证能发挥有效作用。

考虑系统描述时,须了解"系统"是作为一个相互连通网络其构成部分的一组事物。在安全管理体系中,系统描述是与组织机构的航空安全活动相关且可以影响此类活动的组织机构的任何产品、人员、过程、程序、设施、服务以及其他方面(包括外部因素)。一个"系统"常常由许多系统组成,也可以被视作一个带有子系统的系统。这些系统以及系统彼此之间的相互作用构成了危险来源并有助于安全风险的控制。这些重要的系统包括能够直接影响航空安全的系统和影响组织机构进行有效安全管理能力的系统。

安全管理体系文件应包括对系统描述和安全管理体系接口的概述。系统描述可以包括一个项目列表,并提及各项政策和程序。对一些组织机构来说,系统描述可采用流程图或带注释的组织机构图等图形化描述,组织机构应选用适合其自身的方法和格式。

由于每个组织机构都独一无二,因此在安全管理体系的实施方面不存在"一刀切"的方法。预计每个组织机构将实施适合其独特情况的安全管理体系,每个组织机构都应明确自己打算如何满足各项基本要求。为此,每个组织机构均须编写一份系统描述,界定其认为对安全管理职能来说非常重要的组织结构、过程和业务安排。基于系统描述,组织机构应确定或拟定对其自身安全管理要求加以规定的政策、过程和程序,如组织机构选择对系统描述中确定的过程做出重大或实质性更改,应认为这些变更将有可能影响安全风险评估结果。因此,作为变更管理过程的一部分,应对系统描述进行审查。

2.6.2 接口管理

服务提供者面临的安全风险可受到接口的影响。接口可以是内部的(例如部门之间),也可以是外部的(例如其他服务提供者或服务承包商)。通过查明和管理这些接口,服务提供者将可更好地控制与接口有关的任何安全风险。这些接口应在系统描述中加以界定。

1. 查明安全管理体系接口

最初,服务提供者应把注意力集中于与其业务活动相关的接口,这些接口的调查情况应在对安全管理体系的范围做出规定的系统描述中详细说明,并应包括内部和外部接口。图2-3以空中交通服务提供者为例,说明了服务提供者能如何列出与其交互的不同组织机构以查明任何安全管理体系接口。接口管理的目的是全方位列出所有接口。有些接口可能并没有签署相关正式协议,如与供电或建筑物维护公司的接口。

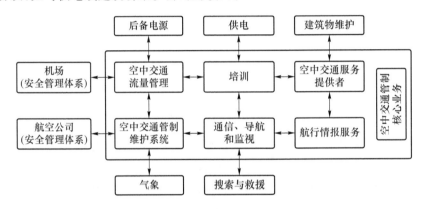

图2-3 空中交通服务提供者安全管理体系接口示例

查明安全管理体系接口后,服务提供者应立即考虑安全管理接口的重要性。这使得服务提供者能够优先考虑管理更加至关重要的接口及其潜在的安全风险。查明安全管理体系接口要考虑如下几点:

① 正在提供什么;
② 为什么需要它;
③ 所涉组织机构是否采用了安全管理体系或其他管理系统;
④ 接口是否涉及到共享安全数据/信息。

2. 评估接口的安全影响

查明安全管理体系接口后之后,服务提供者应查明与接口有关的任何危险,并使用现有的危险识别和安全风险评估过程进行安全风险评估。根据所查明的安全风险,服务提供者可考虑与其他组织机构一起确定和界定一项合适的安全风险控制战略。让其他组织机构参与进来,有可能为查明危险、评估安全风险及确定合适的安全风险控制措施贡献一份力量。此种合作是有必要的,因为每个组织机构对安全风险的感知可能各不相同。还必须认识到,所涉及的每个组织机构都有责任查明和管理可影响其自身的危险。这意味着接口的至关重要性对每个组织机构来说是不同的,因为它们可能采用不同的安全风险分类并有不同的安全风险优先级

(在安全绩效、资源、时间等方面)。

3. 管理和监测接口

服务提供者负责管理和监测接口,以确保安全提供服务和产品。这也将确保接口得到有效管理,并保持最新状态很有价值。签署正式协议以清楚界定接口和相关责任是实现这一点的有效方法,接口的任何变更和相关影响都应传达给有关组织机构。服务提供者管理接口安全风险所面临的挑战包括:

① 一个组织机构的安全风险控制措施与其他组织机构的安全风险控制措施不兼容;
② 两个组织机构都愿意接受对其各自过程和程序的变更;
③ 没有足够的资源或技术专门知识来管理和监测接口;
④ 接口的数量和位置。

组织机构须认识到有必要在接口所涉及的组织机构之间进行协调,有效协调应包括:

① 明确每个组织机构的职责和责任;
② 就拟采取的行动(如安全风险控制行动和时间表)达成一致决定;
③ 查明哪些安全信息需要共享和传达;
④ 应如何及何时进行协调(工作队、定期会议、临时会议或专门会议);
⑤ 商定可让两个组织机构均受益但却不损害安全管理体系有效性的解决方案。

2.6.3 安全管理体系的可伸缩性

组织机构的安全管理体系(包括政策、过程和程序),应反映组织机构及其活动的规模和复杂性,并应考虑:

① 组织结构和资源可获性;
② 组织机构的规模和复杂性(包括多个地点和基地);
③ 活动的复杂性和与外部组织机构的接口。

1. 安全风险考虑事项

安全管理体系的可伸缩性还应该取决于服务提供者所开展活动的内在安全风险,不论服务提供者的规模如何,即使是小型组织机构也可能参与可能带来重大航空安全风险的活动。因此,安全管理能力应与所要管理的安全风险相对应。

2. 安全数据和安全信息及其分析

对于小型组织机构来说,数据量少可能意味着更难查明安全绩效的趋势或变化。这种情况可能需要召开会议,提出安全问题并与相关专家进行讨论。数据可能更多是定性的,而不是定量的,但有助于服务提供者查明危险和风险。与其他服务提供者或行业协会合作将大有裨益,因为它们可能有服务提供者没有的数据。例如,较小的服务提供者可以与类似的组织机构/实体进行交流以共享安全风险信息和确定安全绩效趋势。服务提供者应充分分析和处理其内部数据,即使数据可能是有限的。

带有许多交互系统和接口的服务提供者将需要考虑如何从多个组织机构收集安全数据和安全信息,以供日后整理和分析。服务提供者应使用适当的方法来管理这类数据,还应考虑所收集数据的质量以及使用分类法来进行数据分析。

2.6.4 管理系统的整合

安全管理应被视为管理系统的一部分(而不是孤立的),服务提供者可以实施一个包括安全管理体系在内的综合管理系统。综合管理系统可以用于申请证书、授权或批准,或者覆盖其他企业管理系统,如质量、安保、职业健康和环境管理系统。这样做可以对涉及多种活动的安全风险进行管理,从而消除重复工作和挖掘协同效应。例如,如果服务提供者持有多个证书,则可以选择实施一个单一的管理系统来覆盖其所有活动。服务提供者应决定整合或分离其安全管理体系的最佳方式,以满足其业务或组织需求。综合管理系统通常可包括:

① 质量管理体系(QMS);
② 安全管理体系(SMS);
③ 安保管理体系(SeMS),《航空安保手册》(Doc 8973 号文件——限制发行)中载有更多指导;
④ 环境管理体系(EMS);
⑤ 职业健康和安全管理体系(OHSMS);
⑥ 财务管理系统(FMS);
⑦ 文件管理系统(DMS);
⑧ 疲劳风险管理系统(FRMS)。

服务提供者可以选择按其独特需求对管理系统进行整合。风险管理过程和内部审计过程是大多数管理系统的基本特征。应该认识到,任何系统中存在的风险和拟定的风险控制措施均能对其他系统产生影响。此外,还可能对供应商管理、设施管理等其他一些与业务活动相关的运营系统进行整合。服务提供者可以考虑将安全管理体系应用到目前没有拟定针对安全管理体系监管要求的其他领域。服务提供者应确定最适合的方式来整合或分离其管理系统,以满足其经营模式、运行环境、监管和法定要求以及航空界的期望。无论如何做,均应确保满足各种安全管理体系要求。

1. 管理系统整合的益处与挑战

对单一管理系统下的不同领域加以整合将会提高效率,原因在于:
① 整合可减少过程和资源的重复和重叠;
② 整合可减少可能相互冲突的责任和关系;
③ 整合考虑到了风险和机会对所有活动产生的更广泛影响;
④ 整合可促成有效地监测和管理所有活动的绩效。

管理系统整合可能面临的挑战包括:
① 现有系统可能有不同的职能管理人员,他们拒绝整合,这可能导致冲突;
② 受整合影响的人员可能抵制变动,因为整合需要更多的合作和协调;
③ 影响组织机构内的整体安全文化,因为每个系统内可能有不同的文化,这可能产生冲突;
④ 法规可能阻止此种整合,或者不同的监管部门和标准机构可能对其要求如何得以满足有不同期望;

⑤ 整合不同的管理系统(如质量管理体系和安全管理体系)可能需开展额外工作才能证明各自要求正得以满足。

2.6.5 安全管理体系与质量管理体系整合

一些服务提供者同时具有安全管理体系和质量管理体系,这些体系有时被整合为一个单一的管理系统。通常将质量管理体系界定为在交付产品或服务时,推动建立一套持续质量保证和改进体系。安全管理体系侧重于管理安全风险和安全绩效,而质量管理体系侧重于遵守规范性规章和要求,以满足客户的期望和合同义务。因此这两种系统是互补的。安全管理体系的目的是查明危险、评估相关的安全风险并实施有效的安全风险控制措施。相比之下,质量管理体系的重点是持续交付符合相关规范的产品和服务。但是,安全管理体系和质量管理体系均应:

① 加以规划和管理;
② 涉及组织机构所有与航空产品和服务的交付相关的职能;
③ 查明无效的过程和程序;
④ 努力不断加以改进;
⑤ 具有相同的目标,即向客户提供安全可靠的产品和服务。

安全管理体系的重点是:
① 确定组织机构所面临的安全相关危险;
② 评估相关的安全风险;
③ 实施有效的安全风险控制措施以缓解安全风险;
④ 衡量安全绩效;
⑤ 维持适当的资源分配以满足安全绩效要求。

质量管理体系侧重于:
① 遵守规章和要求;
② 以一致的方式交付产品和服务;
③ 符合规定的绩效标准;
④ 交付"与目的相符"且无缺陷或差错的产品和服务。

鉴于安全管理体系和质量管理体系的互补性,在不损害每项功能的情况下可将两个系统加以整合。整合内容归纳如下:

① 审计、检查、调查、根源分析、过程设计和预防措施等质量管理体系过程可为安全管理体系提供支持;
② 质量管理体系可识别安全问题或安全风险控制措施的缺点;
③ 质量管理体系可预见在组织机构遵守标准和规范的情况下依然存在的安全问题;
④ 质量原则、政策和做法应与安全管理目标相一致;
⑤ 质量管理体系活动应虑及所查明的危险和安全风险控制措施,以便于规划和开展内部审计。

2.6.6 安全管理体系差距分析和实施

在实施安全管理体系之前,服务提供者应进行差距分析,这涉及将服务提供者的现有安全管理过程和程序与国家确定的安全管理体系要求进行比较。服务提供者很可能已经具备了一些安全管理体系功能,安全管理体系的制定应建立在组织机构现有政策和过程的基础上。差距分析可查明差距,为填补差距,应制订一项安全管理体系实施计划,界定实施一个功能齐全且有效的安全管理体系所要采取的行动。

安全管理体系实施计划应可让人清晰地了解实施安全管理体系所需的资源、任务和过程。实施计划的时间安排和排序可能取决于每个组织机构所特有的各种因素,例如:

① 监管、客户和法定要求;
② 所持有的多个证书(可能有不同的监管实施日期);
③ 安全管理体系可在多大程度上建立在现有结构和过程之上;
④ 资源和预算的可获性;
⑤ 不同步骤之间的相互依赖性(在建立数据分析系统之前应实施报告系统);
⑥ 现有的安全文化。

安全管理体系实施计划应与责任主管和其他高级管理人员协商制定,其中应包括活动负责人及时间表。该计划应述及与外部组织机构或承包商酌情开展协调。

安全管理体系实施计划可采用从简单的电子表格到专门的项目管理软件等不同形式记录在案。应定期对实施计划进行监测,并在必要时予以更新。实施计划还应明确在什么情况下可认为某一特定要素得到成功实施。

国家和服务提供者都应认识到,建立一个有效的安全管理体系可能需要几年时间。服务提供者应参考其国家可能拟定的关于分阶段实施安全管理体系做法的要求。

2.7 安全文化

2.7.1 安全文化的基本内容

文化是以一个社会、团体和组织机构中的成员所共享的信仰、价值观、倾向及其综合行为为特征的。理解这些构成文化的元素以及它们之间的相互作用,对于安全管理意义重大。组织机构文化、专业文化和民族文化,是三种最具影响力的文化元素。报告文化是这些不同文化元素中的关键元素。各组织机构中,文化元素的组成形式可能大相径庭,也可能对有效的危险进行报告、综合原因分析及可接受的风险缓解构成负面影响。在一个组织机构中,当安全成为一种价值观,并在民族或专业层面有优先权时,持续提高安全绩效就成为可能。

安全文化包含一个组织机构的成员们对公众安全普遍持有的观念和信念,并可以是这些成员行为的一种决定性因素。健康的安全文化有赖于工作人员与管理人员的高度信任与尊重,因此,必须在高级管理层安全文化中予以支持。健康的安全文化会使组织积极地寻求改善,对危险保持警觉,以及利用各种系统和工具进行持续的监控、分析和调查。它必须存在于国家航空组织机构及生产和服务提供者的组织机构中。健康的安全文化的其他特征还包括工作人员和管理层对人身安全的责任,对安全体系之信心的共同承诺,以及一套书面的规则和政策。该组织机构的管理层对制定与遵守健全的安全措施负有最终责任。只有扎根于该组织机构自身的文化,才能避免安全文化形同虚设。

1. 组织机构文化

组织机构文化指一个特殊实体内互动的成员之间的特点和安全观念。组织机构的价值体系包括优先排序或平衡政策,涵盖诸如生产率与质量、安全与效率、经济与科技、专业与学术、强制执行与纠正行动等领域。通过对组织机构文化进行规范和限制,来设定可接受的执行及运行绩效的范围。因此,组织机构文化就为管理层决策和雇员决策提供了一个基石。

组织机构文化对下列情况产生潜在影响:
① 团队中资历深和资历浅的人员互动;
② 业界和监管当局之间的互动;
③ 内部共享及与监管当局共享信息的程度;
④ 监管当局或业界组织机构中团队合作的普及;
⑤ 在要求苛刻的运行条件下人员的反应能力;
⑥ 特定技术的接受和使用;
⑦ 产品或服务提供者或监管当局对运行差错采取惩罚措施的倾向;

组织机构文化也会受以下因素的影响:
① 业务政策与程序;
② 监督行为与措施;
③ 安全改进目标以及最低宽容度;
④ 管理层对质量或安全问题的态度;
⑤ 雇员的培训与激励;
⑥ 监管当局与产品或服务提供者之间的关系;
⑦ 工作、生活平衡政策;

2. 专业文化

处理日常安全问题的管理方式是改善组织机构文化的基础。一线人员与其对应的安全、质量负责人员以及与监管当局的代表之间的协作性互动,是一种积极的组织机构文化的象征。虽然为确保客观性或问责性需要保持各自的角色,但这种关系会体现职业素养。提高安全运行的有效办法是确保组织机构构建了一种让所有工作人员都感到对安全负责的氛围。显然,当工作人员认为他们所做的工作对安全有影响时,就会报告所有的危险、差错和威胁,并且支持对所有相关的风险进行识别和管理。此外,管理层必须营造一种氛围,使员工都意识到安全与风险,并且给员工足够的系统以进行自我保护,使员工在通过安全报告系统报告安全信息时得到保护。有效的安全文化在该组织机构范围内,可作为多样化的民族文化和专业文化趋同的方法。

专业文化在特定的专业群体中有不同的特征(如驾驶员相对于空中交通管制员、民用航空当局的人员或维修工程师的特征行为)。通过人员选拔、教育、培训,在职经历和同事压力等,专业人员往往采取与他们的同事或前辈一致的价值体系和行为模式。有效的专业文化体现了专业团体区分安全绩效问题或行业问题的能力。健康的专业文化的特征,可体现为该组织机构内部的所有专业团体协作解决安全绩效问题的能力。

3. 民族文化

民族文化在特定的国家具有不同的特征,包括个人在社会中的角色,权利分配的方式,国家在资源、问责、道德、目标和不同的法律制度方面的优先排序。从安全管理的角度来讲,民族文化在确定监管执法政策的性质和范围中发挥重要作用,包括监管当局人员和业界人员之间的关系,以及保护相关安全信息的程度。民族文化形成了个人信仰的内在组成部分,这种信仰在其成为一个组织机构的成员之前,就固有地塑造了他对安全的看法。因此,组织机构文化可能受到其工作群体成员中存在的民族文化的重大影响。当适用安全管理方案时,管理者应准确评估和考虑其工作人员的民族文化差异。例如,对安全风险的看法,在不同的民族文化中有很大差异。与安全相关的方面,包括沟通交流和领导风格以及上下级之间的交流,可能需要融合多元文化的工作群体。

4. 报告文化

报告文化是人们对报告系统的相关优点和潜在损害以及关于接受和利用该系统的最终影响的信念和态度。报告文化受组织机构文化、专业文化和民族文化的影响很大,并且是一个判断安全系统有效性的标准。健康的报告文化旨在区分有意偏差和无意偏差,并确定对整个组织机构和直接参与的个人采取最佳的行动方针。报告系统的成功与否,取决于一线人员的连续信息。区分故意不当行为与疏忽的错误,提出适当的处罚性或非处罚性应对办法等各项政策,对保证有效地报告系统安全缺陷是至关重要的。一个"绝对不责备"的文化不仅不合理,甚至不可行。当管理层获得安全信息时,如果不采取适当的惩罚措施予以干预,系统将会失效。相反,一种无法区分无意的差错、错误和故意的不当行为的文化,将会抑制报告的进程。如果员工因为担心受处罚而不愿报告,那么管理层就得不到重要的安全信息。

总之,必须使员工相信,他们为了安全利益所做的任何决定都会得到支持,但也必须让其明白,故意违反安全政策将是不能容忍的。因此,自愿报告系统应是保密的,应依照适当的不惩罚政策来进行。系统应该就由于收到报告而实现了改善安全的情况向员工提供反馈。这一目标需要能安全便捷地使用安全报告系统,并能积极地收集安全数据,以及管理层主动积极地处理相关数据。

安全信息只应该为了提高航空安全而收集,信息保护对确保信息的持续可获得性也是必不可少的。通常员工是最接近安全方面的危险的,所以报告系统使他们能积极地识别这些危险。同时,管理层能够收集到相关安全方面的危险信息,并建立与员工之间的相互信任。一旦收集和储存了数据之后,就必须对该信息及时处理,以便验证实施适当措施的情况,并及时传达给一线员工。

2.7.2　安全文化的宣传和评估

安全文化的有效性确实是可以通过使用有形标准来衡量和监控的。在成熟的安全文化氛围中,各组织机构能够采用一种机制,对该组织机构的安全文化(OSC)开展内部评估。这种评估可以通过使用更多涉及技术和特定部门的组织机构风险概况(ORP)评估,而得到进一步的加强。与此同时，业界各组织机构或监管机构可以考虑制定促进性计划（例如安全文化奖），来激励产品和服务提供者自愿地参与对其组织机构的安全文化、风险概况评估。组织机构的安全文化、风险概况评估中所涉及的参数应包括组织机构因素，以及超出传统规章要求但依旧与组织机构文化相关且影响组织机构安全绩效的结果。需要及时处理那些风险否则就会超出监管范围的组织机构因素（潜在状况），能够对传统的监管性监督加以补充。组织机构安全文化的评估检查单在内容上趋向于通用性，而组织机构风险概况的评估检查单更适合该组织机构的运营特性。

2.8　通用航空诚信管理体系

2.8.1　诚信管理的重要性

民航发展，安全至上。民航的安全与发展，需要大力推进诚信文化建设。建设诚信文化，需要规章制度的支持。民航业长期以来十分重视完善诚信体系，大力推进诚信文化建设。2012年6月4日，民航局审议通过了《关于加强民航文化建设的实施意见》，大力倡导诚信从业、诚信经营、诚信行政，塑造诚信团队、诚信企业和诚信机关，建设诚信行业，使诚信成为全体员工的基本行为准则和自觉行动，成为促进持续安全、提升服务品质的重要引擎。2017年11月6日，中国民用航空局印发了《民航行业信用管理办法（试行）》的通知，目的是加强民航行业信用文化建设，维护民用航空活动秩序，促进民航行业的健康发展。

通用航空作为民航业的一部分，一直以来都十分重视诚信体系的建设。2016年4月7日，中国民用航空局颁布了《通用航空经营许可管理规定》（简称《规定》），《规定》最大限度降低通用航空经营许可条件的同时，明确提出要建立健全通用航空诚信经营评价体系并增加了诚信经营评价体系建设条款。2019年9月2日，中国民航局发布了《关于推进通用航空法规体系重构工作的通知》（简称《通知》），《通知》强调了企业以自我管理为主，认真开展通航企业法定自查工作。目前，在通用航空放开政策的前提下，通航企业正在积极制定法定自查实施方案及开展相关工作。

2.8.2　民航行业信用管理办法

《民航行业信用管理办法（试行）》（以下简称《管理办法》）已经正式印发，《管理办法》共有五章三十一条，并于2018年1月1日起试行，其中关于一般失信行为信息的规定，自2020年1月1日起生效。《管理办法》按照信用管理工作的流程对相关事项进行了具体规定，即采集两种信息、管控三个环节、使用四种惩戒措施、允许两种移除方式，概括起来就是二三四二。为便于对《管理办法》进行理解掌握，下面对全文予以详细解读。

1. 意义介绍

为贯彻落实《社会信用体系建设规划纲要（2014—2020）》（国发〔2014〕21号）、《国务院关于建立完善守信联合激励和失信联合惩戒制度加快推进社会诚信建设的指导意见》（国发〔2016〕33号）的重要精神，《管理办法》对民航行业信用信息的采集、使用、移除等事项进行了规范。要求建立相对人一般失信行为信息和严重失信行为信息等记录,并对因一般失信行为被记入信用记录的相对人视情从严管理,对因严重失信行为被记入信用记录的相对人联合惩戒,采用多种手段从重处理,达到"褒扬诚信、惩戒失信"的效果,从而加强民航行业信用文化建设,维护民用航空活动秩序,促进民航行业健康发展。

2. 违法失信信息的分类

违法失信信息包括一般失信行为信息和严重失信行为信息两种,简称灰名单信息和黑名单信息。《管理办法》中灰名单信息的判断标准包括两方面:一是根据《规划纲要》"将各类交通运输违法行为列入失信记录"的要求,以相对人是否违法为标准;二是同其他规章和规范性文件的具体标准对接,以是否应当记入信用记录为标准。满足以上两种标准之一并且不属于黑名单行为的即列入灰名单,相关内容见《管理办法》的第四条。

关于黑名单,《管理办法》共规定了15种严重失信行为的情形应当列入黑名单,详细内容见《管理办法》的第八条。

3. 信用信息的采集

信用信息的采集是重点管控的第一个环节,共有两条渠道。

第一条渠道是由民航局、民航地区管理局、民航监管局等信用信息管理部门(以下简称信用管理部门)以属地采集为原则对信用信息实施采集。信息管理部门在执法过程中发现信用信息即采集上报,记入相对人的信用记录,形成灰名单和黑名单,由民航局统一公布。详细内容见《管理办法》的第六、七、九条。

信用管理部门对所采集信息的真实性负责,发现信息有错误或者发生变更时,应当及时更正或者变更。详细内容见《管理办法》的第十五条。

信用信息采集的另一条渠道是其他社会主体提供。对于社会主体提供的其自行收集记录的民航行业信用信息,在保证独立、公正、客观的前提下,信用管理部门予以参考使用。相关内容见《管理办法》的第十七条。

4. 信用记录的使用

信用记录的使用是重点管控的第二个环节,共分两种类型:对列入灰名单的视情从严管理,对列入黑名单的运用多种手段联合惩戒。详细内容见《管理办法》的第十八条。

根据《指导意见》的要求,信用惩戒方式包括行政性约束、市场性约束、行业性约束和社会性约束四种。

① 行政性约束由行政机关实施,在资源分配、许可审批、评优评先、检查处罚等多方面对相关主体进行限制。行业内由各级民航行政机关实施,行业外由其他部委实施。相关内容见《管理办法》的第二十、二十一条。

② 市场性约束由市场主体实施,鼓励其对相关主体采取风险性定价、停止提供增值服务等措施。相关内容见《管理办法》的第二十二条。

③ 行业性约束由行业协会实施,由其对相关会员实行警告、行业内通报批评、公开谴责、限制会员权利直至勒令退会等措施。相关内容见《管理办法》的第二十三条。

④ 社会性约束主要是通过社会的道德谴责,形成社会震慑力。相关内容见《管理办法》的第二十四条。

民航局将通过广泛公示、定向推送等多种方式确保上述四类实施主体掌握黑名单信息。相关内容见《管理办法》的第十九、二十条。

5. 信用记录的移除

信用记录的移除是重点管控的第三个环节，以期满移除为常态，以审核移除为补充。

灰名单信息采用期满移除方式，自记入信用记录之日起一年后自动失效。黑名单信息实行审核移除方式：一是相对人在信用记录有效期内未发生新的失信行为的，可以向原信用管理部门提出申请，经原信用管理部门审核同意后移除。信用记录有效期为一年，但因"被民航行政机关处以3万元（含）以上罚款行政处罚的、处以吊销行政许可处罚的、处以责令停产停业行政处罚的或者处以撤销行政许可的"原因记入信用记录的，信用记录有效期为三年。二是相对人实施信用修复行为后，可以向信用管理部门提交相关材料，经信用管理部门确认同意后移除，不受有效期限制。相关内容见《管理办法》的第十三、十四条。

2.8.3 通航企业法定自查

企业法定自查本质上是要求企事业单位在主动承担本单位规章符合性检查责任的基础上，进一步实现法定自查与局方检查，持续满足合法性。2014年8月，十二届全国人大会常务委员会第十次会议通过关于修改《中华人民共和国安全生产法》的决定，决定中明确规定"强化和落实生产经营单位的主体责任"，标志着将企业安全主体责任上升到法律高度。2014年10月，党的十八届四中全会通过了《中共中央关于全面推进依法治国若干重大问题的决定》，对全面依法治国做出总体部署。2015年5月，为贯彻落实党中央全面推进依法治国的战略部署，民航局提出了《加强民航法治建设若干意见》，其内容包含推进民航法治建设的具体工作措施。2015年8月，民航局成立系统建设领导小组，确立了"先调整监管模式，再建设执法系统"的工作思路，同时在华东局开展试点工作。2017年1月，民航局下发《民航行业监管执法模式优化调整试点成果试用方案》，并于当年5月至12月，在每个管理局选取一个监管局开展试点工作。2018年1月，民航局下发《关于在全行业推广行业监管模式调整改革的通知》，在民航全行业部署推广新监管模式，推广内容为经过两年半时间的试点和试用工作的五项制度成果，即

① 基于监管事项库为基础的行政检查制度；
② 年度检查计划和临时检查任务的融合调整制度；
③ 发现问题后的新整改模式制度；
④ 远程检查制度；
⑤ 企业法定自查制度。

在民航企事业单位开展法定自查的意义主要有以下几个方面：

一、推动民航治理体系与治理能力现代化建设。党的十八大以来，我国民航事业处于高速发展阶段，旅客运输量的增长率接近我国GDP增速的2倍，行政主体的监管资源不足与高资源消耗型监管方式之间的矛盾日益突出，原有的"保姆型"监管模式已经不能满足不断提升的监管需求，而监管的缺失将导致民航企事业单位在安全主体责任落实的过程中缺乏主动性和积极性。

二、落实民航企事业单位的主体责任和责任边界。法定自查帮助民航企事业单位理清了空管单位、航空公司、机场公司等参与民航运行的单位各自的责任边界,能够有效解决安全管理过程中的管理缺失和越界管理问题,进一步突出民航企事业单位的生产经营主体地位。

三、帮助民航企事业单位规避安全风险和信用风险。法定自查通过将民航企事业单位在实际运行中的制度、业务、工作流程等与法律文件、行业规章中的检查标准、责任人、处罚手段、检查周期逐一对应,明确了可能带来信用风险的责任人和责任区域,有效推动了民航企事业单位由"他律"向"自律"的过渡,由被动整改到主动治理的转变。

通用航空企业法定自查工作包括安全生产自查和经营运行自查,主要目的是要求通用航空企业承担起本单位规章符合性检查的主体责任,实现法定自查与民航行政机关行政检查两种检查方式的紧密结合。

通用航空企业法定自查工作的具体要求分一般要求和特殊要求。一般要求主要讲了三个方面内容:一是通用航空航企业应当明确自查负责人、自查负责部门和自查具体人员;二是自查人员应当熟悉相关法规、民航行业监管事项库、FSOP检查单和公司手册,并经过有关自查工作要求的培训;三是建立符合本单位实际情况的自查体系,明确自查责任和自查事项。自查事项的内容应当至少覆盖民航行业监管事项库、FSOP检查单中适用于本单位的所有要求,自查标准不得低于任何法律、行政法规、规章、国家标准、行业标准、规范性文件的要求。

相关的工作程序体现在:一、制定自查制度,建立自查工作组织机构,明确本单位自查负责人、自查负责部门和自查具体人员及其职责,落实好自查责任制;二、根据相关法规、民航行业监管事项库、FSOP检查单和公司手册等内容,建立本单位自查清单和工作程序;三、制定年度自查计划并实施法定自查;四、对于具有一套完整的制度体系,其核心是要求通航企业对标局方的监管事项库、FSOP检查单建立自查事项清单等,对本公司的安全运行和生产经营活动开展自行检查,对发现的问题自行整改,及时消除安全隐患。不同的危险等级的处理方式也不同,表2-2所列为各危险源严重性等级分析标准。

表2-2 危险源严重性等级分析标准

第项	危险源严重性等级分析标准				
	1级(可忽略的)	2级(轻微的)	3级(严重的)	4级(特别严重的)	5级(灾难性的)
特定行为和状态	事件等级小于一般差错标准的行为和状态	凡构成中国东方航空股份有限公司航空安全一般差错标准的行为或状态	凡构成《中国东方航空股份有限公司航空安全严重差错标准》的行为或状态	凡构成《新版民航航空器飞行事故征候标准》中"运输航空事故征候""航空器地面事故征候"的行为或状态	凡构成《民用航空器事故征候标准》《民用航空器飞行事故等级》《民用航空器地面事故等级》《民用航空器维修事故等级》中严重事故征候及以上的行为或状态
安全管理能力	对安全能力造成一定影响,对生产运行系统安全系数有一定影响但很有限	对安全能力造成一定影响,造成生产运行系统安全系数一定幅度下降	对安全能力造成一定影响,造成生产运行系统安全系数较大幅度下降	对安全能力造成一定影响,造成生产运行系统安全系数大幅度下降	对安全能力造成极为严重的影响,造成生产运行系统安全系数极大幅度下降

续表 2-2

第 项	危险源严重性等级分析标准				
	1级(可忽略的)	2级(轻微的)	3级(严重的)	4级(特别严重的)	5级(灾难性的)
人员伤亡	人员未受到人身伤害不需要住院观察	人员轻微伤,造成人体局部组织器官结构的轻微损伤或短暂的功能障碍	造成40人轻伤或9人以下严重受伤	造成39人以下死亡或10人以上严重受伤	造成人员死亡40人以上(含)
财产损失	经济损失1万元以下	设备损坏或1~5万元人民币的损失	主要设备损坏或5~100万元人民币的损失	航空器损坏或100~1000万元人民币的损失	航空器损毁或经济损失在1000万元人民币以上

第 3 章　民航事故调查与航空应急救援

民航事故调查与案例分析(Civil Aviation Accident Investigation and Case Analysis),是民航安全管理工作的重要组成部分。民航事故调查与案例分析的目的是将民航安全管理的理论思想和方法运用在事故调查与分析过程中,查清发生生产事故的原因,明确责任,吸取教训,采取措施,改进工作,并达到教育行业内从业人员。本章主要从事故调查的法规文件依据,事故调查的基本概念、目的和原则,事故调查的组织,事故调查的程序,事故报告,通航典型事故案例和分析,民航应急救援等七个方面论述飞行事故调查和分析。

3.1　事故调查的法规文件依据

(1) 国际民航组织文件
《航空器事故和事故征候调查》(《国际民用航空公约》附件13);
《航空器事故和事故征候调查手册》(DOC9756)。
(2) 民航局规章
《民用航空安全信息管理规定》(CCAR-396-R4);
《民用航空器事件调查规定》(CCAR-395-R2)。
(3) 规范性文件
《民航生产经营单位航空器事件调查体系建设指南》;
《民用航空器事件调查安全建议管理办法》(AC-395-AS-02);
《民用航空器征候等级划分办法》(AC-395-AS-01);
《民航中南地区通用航空器事件委托调查实施办法》。

3.2　事故调查的基本概念、目的和原则

1. 事故调查的基本概念

(1) 民用航空器事件
《民用航空器事件调查规定》中所述民用航空器事件包括:民用航空器事故、民用航空器征候以及民用航空器一般事件。
(2) 民用航空器事件的相关定义
《民用航空器事件调查规定》中所述事故是指在民用航空器运行阶段或者在机场活动区内发生的与航空器有关的下列事件:人员死亡或者重伤、航空器严重损坏、航空器失踪或者处于无法接近的地方。
(3) 民用航空器飞行事故征候
航空器飞行实施过程中发生的未构成飞行事故或航空地面事故但与航空器运行有关的,

影响或可能影响飞行安全的事件。

（4）民用航空器一般事件

民用航空器一般事件指在民用航空器运行阶段或者在机场活动区内发生的与航空器有关的航空器损伤、人员受伤或者其他影响安全的情况，但严重程度未构成征候的事件。

（5）民用航空器飞行事故等级

民用航空器飞行事故等级可划分为：特别重大飞行事故、重大飞行事故、较大事故和一般飞行事故。

凡属下列情况之一者为特别重大飞行事故：

a. 人员死亡，死亡人数在 40 人及其以上者；

b. 航空器失踪，机上人员在 40 人及其以上者。

凡属下列情况之一者为重大飞行事故：

a. 人员死亡，死亡人数在 39 人及其以下者；

b. 航空器严重损坏或迫降在无法运出的地方（最大起飞重量 5.7 t 及其以下的航空器除外）；

c. 航空器失踪，机上人员在 39 人及其以下者。

凡属下列情况之一者为一般飞行事故：

a. 人员重伤，重伤人数在 10 人及其以上者；

b. 最大起飞重量 5.7 t（含）以下的航空器严重损坏，或迫降在无法运出的地方；

c. 最大起飞重量 5.7～50 t（含）的航空器一般损坏，其修复费用超过事故当时同型或同类可比新航空器价格的 10%（含）者；

d. 最大起飞重量 50 t 以上的航空器一般损坏，其修复费用超过事故当时同型或同类可比新航空器价格的 5%（含）者。

2. 事故调查的目的

民用航空器事故和事故征候调查的目的是查明事发原因，提出安全建议，预防事故和事故征候再次发生，而不是为了分摊过失或责任。事故调查可以为司法机关的正确执法提供相应的材料，可以为事故的统计分析、安全管理等提供信息，还可以为航空公司或政府部门安全工作的宏观决策提供依据。

3. 事故调查的原则

① 独立原则。调查应当由事故调查组织独立进行，任何其他单位和个人不得干扰、阻碍调查工作。

② 客观原则。调查应当坚持实事求是、客观公正、科学严谨，不得带有主观倾向性。

③ 深入原则。调查应当查明事故或事故征候发生的各种原因，并深入分析产生这些的因素，包括航空器设计、制造、运行、维修和人员训练，以及政府行政规章和企业管理制度及其实施方面的缺陷等。

④ 全面原则。调查不仅应当查明和研究与本次事故发生有关的各种原因，还应当查明和研究与本次事故或事故征候发生无关，但在事故或事故征候中暴露出来的或者在调查中发现的可能影响飞行安全的问题。

上述事故调查的四项原则看起来简单，实际操作起来却较为困难。一，一些国家的事故调查组织并不独立,事故调查人员并不是一支专职队伍,需要聘请与事故产生原因方面的专家参与调查。由于一场飞行事故牵扯利益方较多,在实际调查过程中还是会受到各方面的干扰和阻碍。二,虽然说调查飞行事故的主要目的是查清事故的原因,采取措施预防飞行事故的再次发生。但事故原因一旦查清,必然有组织或个人需要承担此事故责任。这就导致人证提供证词、物证的提取,甚至事故调查人员在调查过程中会考虑某些因素,导致事故调查没办法做到完全的客观。三,近年来随着飞机可靠性和安全性以及飞行保障的改进,飞行事故中,单个原因事故所占比例逐步下降,两个或两个以上原因事故占绝大多数,且多数事故都是由一连串按时间顺序先后发生的有因果关系的事件的最终结果,最后的事件就是事故。前一事件是后一事件的起因,后一事件是前一事件的结果,这种因果事件链的长度取决于调查的深度。调查需要进行的深度取决于所需要的人力、物力、财力。由于飞行事故调查的时间很紧迫,因此调查的深入性会大打折扣。另外,在事故调查中,不仅要有必要的深度,还要有足够的全面性和广泛性。不论初看起来原因是否已经清晰,必须对造成事故的所有可能的情况进行研究和分析。但由于造成的事故的原因很复杂,有直接原因、间接原因和根本原因,每种原因之间又或多或少存在着一定的联系,有些原因在事故中并没有明显暴露,导致增加调查工作的困难度。同时,对于事故或事故征候来讲,任何一个机械失效或飞行事故的过程都是不可逆的,且还涉及一些人为因素,其具体过程无法完全再现。现代的客观记录设备,只能记录这一过程的部分或全部表现形式,任何模拟再现试验都不可能完全代替事故或事故征候的实际发生过程,因此要想全面了解可能影响飞行安全的问题很难实现。

4. 事故调查的意义

(1) 推动航空技术发展

世界航空技术的快速发展得益于飞行事故调查和失效分析工作。纵观世界航空发展史,飞机设计强度规范和颤振试验规范、疲劳寿命要求和破损安全设计、损伤容限设计等,无一不是经历飞行事故的惨痛代价。通过事故调查,查明导致事故的原因,避免同类事故的再次发生。近年来,迅速发展起来的系统安全工程和安全管理先进理念,也是人们长期同飞行事故作斗争的成果。可以说,航空技术每一次跳跃式发展,航空装备安全性的每一项理论,都来源于飞行事故调查和失效分析的结果。航空技术的发展、安全工作水平的提高,要求飞行事故调查和失效分析工作必须在更高和更深的领域里开展,并揭示不断更新换代的航空装备的失效模式和导致飞行事故发生的内在因素,推动航空技术的发展。

(2) 促进航空装备质量的提高

随着航空装备的发展和社会文明的进步,飞行事故造成的损失越来越大。例如,一架波音747大型喷气客机事故的直接经济损失达到上亿元,间接经济损失更是难以估量。实际上,与造成人员和经济上的有形损失相比,心理上的无形损失更严重,因飞行事故诱发旅客流失,任务推延或减免等情况的出现,都会加重事故带来的危害。只要因航空装备质量问题导致事故的原因没有查清,隐患未排除,对飞行安全构成的威胁就始终存在,就可能导致成批的飞机长期不能投入正常使用,严重影响军队的训练任务。例如,2007年11月2日,美国空军发生了一起F-15C飞机空中解体事故,事故发生的第二天,700余架F-15系列飞机全部停飞接受检查,给美国本土防空和海外驻防造成了很大压力。避免航空装备质量发生问题的有力手段之一,就是要迅速开展飞行事故调查和失效分析工作,准确查明造成事故和故障的真实原因,从事故和失效中及时、准确地吸取教训,提出有针对性的预防措施,防止同类问题再次发生。这对提高航空装备质量水平至关重要。

(3) 促进航空安全管理科学的进步

航空技术的发展促进了军用航空和民用航空的发展,随着飞机数量的增加,特别是民用航空运输业的发展,对飞行安全提出更高的要求。公众要求确保乘客的人身安全,客观形势上的迫切需求,促使了航空安全管理的诞生与发展。全球航空界在不断吸取事故教训,发展航空科学技术的同时,也在不断推动航空安全管理的进步。一般意义上讲,航空安全管理经历了20世纪20~60年代的法规制度建立和标准化推广阶段,20世纪60~80年代的系统安全阶段,20世纪80~90年代的人的因素阶段,20世纪90年代后的现代安全管理阶段。近些年,国外航空发达国家广泛借鉴安全管理体系思想,越来越重视从系统安全管理角度考虑如何提高航空安全水平,即从系统安全的角度出发,在原有的安全管理模式的基础上,将安全方针、组织结构、安全管理程序和内部的监督审核结合起来,通过风险管理的手段,预防事故的发生。这就是航空安全管理体系观念。这种通过建立安全管理系统(SMS),以风险识别和防范为核心的安全管理方法,对提高航空安全水平具有重要意义。每次飞行事故都暴露出安全管理方面存在的薄弱环节,克服了这些薄弱环节,站在新的层次上进行管理,就会促进航空安全管理科学的进步。

3.3 事故调查的组织

1. 组织、参与事件调查的相关规定

① 在我国境内发生的事件由我国负责组织调查。在我国境内发生事故、严重征候时,组织事件调查的部门应当允许航空器登记国、运营人所在国、设计国、制造国各派出一名授权代表和若干名顾问参加调查。事故中有外国公民死亡或者重伤的,组织事件调查的部门应当允许死亡或者重伤公民所在国指派一名专家参加调查。

有关国家无意派遣授权代表的,组织事件调查的部门可以允许航空器运营人、设计、制造单位的专家或者其推荐的专家参与调查。

② 我国为航空器登记国、运营人所在国或者由我国设计、制造的民用航空器,在境外某一国家或者地区发生事故、严重征候时,民航局或者地区管理局可以委派一名授权代表和若干名顾问参加由他国或者地区组织的调查工作。

③ 我国为航空器登记国的民用航空器,在境外发生事故、严重征候时,但事发地点不在某一国家或者地区境内的,由我国负责组织调查。

④ 我国为运营人所在国或者由我国设计、制造的民用航空器,在境外发生事故、严重征候时,但事发地点不在某一国家或者地区境内,且航空器登记国无意组织调查的,可以由我国负责组织调查。

⑤ 由民航局或者地区管理局组织的事故、严重征候调查,可以部分或者全部委托其他国家或者地区进行调查。

⑥ 根据我国要求,除航空器登记国、运营人所在国、设计国和制造国外,为调查提供资料、

设备或者专家的其他国家,有权任命一名授权代表和若干名顾问参加调查。

2. 各相关机构的调查范围

(1) 民航局组织的调查

民航局组织的调查包括:

① 国务院授权组织调查的特别重大事故;

② 运输航空重大事故、较大事故;

③ 外国公共航空运输承运人的航空器在我国境内发生的事故;

④ 民航局认为有必要组织调查的其他事件。

(2) 地区管理局组织本辖区内发生的事件调查

地区管理局组织本辖区内发生的事件调查包括:

① 运输航空一般事故;

② 通用航空事故;

③ 征候和一般事件;

④ 外国公共航空运输承运人的航空器在我国境内发生的严重征候;

⑤ 民航局授权地区管理局组织调查的事故;

⑥ 地区管理局认为有必要组织调查的其他事件。

未造成人员伤亡的一般事故、征候,地区管理局可以委托事发民航生产经营单位组织调查。一般事件原则上由地区管理局委托事发民航生产经营单位自行调查,地区管理局认为必要时,可以直接组织调查。

(3) 调查组的组成

组织事件调查的部门应当任命一名调查组组长,调查组组长负责管理调查工作,并有权对调查组组成和调查工作作出决定。

调查组组长根据调查工作需要,可以成立若干专业小组,分别负责飞行运行、航空器适航和维修、空中交通管理、航空气象、航空安保、机场保障、飞行记录器分析、失效分析、航空器配载、航空医学、生存因素、人为因素、安全管理等方面的调查工作。调查组组长指定专业小组组长,负责管理本小组的调查工作。

调查组由调查员和临时聘请的专家组成,参加调查的人员在调查工作期间应当服从调查组组长的管理,调查人员的调查工作只对调查组组长负责。调查组成员在调查期间,应当脱离其日常工作,将全部精力投入调查工作,并不得带有本部门利益。与事件有直接利害关系的人员不得参加调查工作。

(4) 调查组的职责

调查组的职责有:

① 查明事实情况;

② 分析事件原因;

③ 作出事件结论;

④ 提出安全建议;

⑤ 完成调查报告。

（5）调查组的职权

调查组的职权有：

① 决定封存、启封和使用与发生事件的航空器运行和保障有关的文件、资料、记录、物品、设备和设施；

② 要求发生事件的航空器运行、保障、设计、制造、维修等单位提供情况和资料；

③ 决定实施和解除事发现场的保护措施；

④ 决定移动、保存、检查、拆卸、组装、取样、验证发生事件的航空器及其残骸；

⑤ 对事件有关的单位和人员、目击者和其他知情者进行询问并录音或者录像，要求其提供相关文件、资料；

⑥ 提出开展尸检、病理及毒理检验等工作要求；

⑦ 确定可公开的信息及资料；

⑧ 调查组认为有必要开展的其他行动。

3.4 事故调查的程序

1. 准备阶段

准备阶段的工作如下：

① 接报事故。中国民航局事故调查职能部门应详细记录事故发生的时间、地点，航空器运营人、类别、型号，事故简要经过，伤亡人数、航空器损坏程度等基本信息。

② 通知相关部门。通知总局各职能部门，通知国务院各部委，通知与发生事故的航空器的运行及保障有关的飞行、维修、空管、油料、运输、机场等单位，各相关部门收到事故信息后，应当立即封存并妥善保管与此次飞行有关的文件、样品、工具、设备等。

③ 组建事故调查组。事故调查组应由委任或者聘任的事故调查员和临时聘请的专家组成。

④ 赶赴现场。任何情况下，参加事故调查的人员都应利用各种有效的交通工具和方式尽快到达事故现场，以获得尽可能完整的事故现场原貌。有关部门应当为事故调查人员尽快到达事故现场提供帮助。

2. 调查阶段

调查阶段的工作如下：

① 现场调查。包括事故基本情况的了解；事故现场的接管；事故现场的安全防护，事故现场的调查（现场照相、摄像，调查航空器和发动机状态，机上乘员调查，残骸的处置，证人调查，航空医学调查等）。

② 专项验证、实验调查。各专业调查小组在整理、分析现场获得的信息、资料、证词、证据的基础上，为解决疑难问题，需要进行专项试验、验证工作，为事故原因综合分析提供依据。

3. 分析阶段

分析阶段的工作如下：

① 事故原因分析。直接原因：人的不安全行为、物的不安全状态；间接原因：技术原因、培训原因、安全管理。

② 事故结论。事故结论是对事故调查结果和在调查中确定的各种原因的陈述。

③ 安全建议。为了预防同类事故的再次发生,应当对调查中确定的各种事故原因和影响飞行安全的所有因素,向相关部门提出改进安全的建议。

4. 审查阶段

审查阶段的工作如下:

① 形成调查报告草案。事故调查报告草案应当由事故调查组组长负责组织完成。

② 调查报告草案的审查。组织事故调查部门的航空安全委员会负责对事故调查报告草案进行最终审查。

③ 调查报告的审查。由国务院或者国务院授权部门组织的事故调查,事故调查报告由国务院有关部门批准和发布,中国民航局转发。由中国民航局或者地区管理机构组织的事故调查,事故调查报告由中国民航局批准,并负责统一发布。

5. 结束阶段

事故调查结束后,组织事故调查的部门应当对事故调查工作进行及时的总结,对事故调查的文件、资料、证据等清理归档并永久保存。

图 3-1 所示为飞行事故调查的全过程。

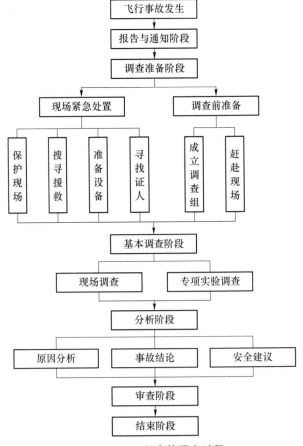

图 3-1 飞行事故调查过程

3.5 事故的报告

1. 报告内容

事故发生后,事发相关单位应当立即向事发地监管局报告事故信息;事发地监管局收到事故信息后,应当立即报告事发地地区管理局,同时通报当地人民政府;事发地地区管理局收到事故信息后,应当立即报告民航局航空安全办公室和空中交通管理局运行管理中心,并在2小时内以文字形式上报有关事故情况。

事故报告的文字内容应当包括以下内容:

① 事发时间、地点和民用航空器运营人;
② 民用航空器类别、型别、国籍和登记标志;
③ 机长姓名,机组、旅客和机上其他人员人数及国籍;
④ 任务性质,最后一个起飞点和预计着陆点;
⑤ 简要经过;
⑥ 机上和地面伤亡人数,航空器损伤情况;
⑦ 事发时的地形、地貌、天气、环境等物理特征;
⑧ 事发时采取的应急处置措施;
⑨ 危险品的载运情况及对危险品的说明;
⑩ 报告单位的联系人及联系方式;
⑪ 与事故、严重征候有关的其他情况。

在事故发生后12小时内,事发相关单位应当向事发地监管局填报《民用航空安全信息管理规定》(CCAR-396)要求的民用航空安全信息初始报告表,并抄报事发地地区管理局、事发相关单位所在地地区管理局以及民航局航空安全办公室。事故信息上报应遵照逐级上报原则,必要时允许越级上报。

事发相关单位不能因为信息不全而推迟上报文字报告和民用航空安全信息初始报告表;上报后如果获得新的信息,应当及时补充报告。

空中交通管理局运行管理中心收到事故信息后,应当立即报告民航局领导并通知民航局其他有关部门。

涉及军、民航的事故,民航局航空安全办公室应当向空军安全局通报。事发地监管局应当立即将审核后的初始报告表上报事发地地区管理局;事发地地区管理局应当在事发后24小时内将审核后的初始报告表上报民航局航空安全办公室。

2. 严重征候的报告

严重征候发生后,事发相关单位应当立即向事发地监管局报告严重征候信息;事发地监管局收到严重征候信息后,应当立即上报事发地地区管理局;事发地地区管理局收到严重征候信息后,应当立即上报民航局航空安全办公室。

事发相关单位应当在事发后12小时内向事发地监管局填报民用航空安全信息初始报告表,并抄报事发地地区管理局、事发相关单位所在地地区管理局以及民航局航空安全办公室;

事发地监管局应当立即将审核后的初始报告表上报事发地地区管理局;事发地地区管理局在事发后 24 小时内将审核后的初始报告表上报民航局航空安全办公室。

严重征候信息上报应遵照逐级上报原则,必要时允许越级上报。事发相关单位上报民用航空安全信息初始报告表后如果获得新的信息,应当及时补充报告。

3. 一般征候的报告

一般征候发生后,事发相关单位应当立即向事发地监管局报告;事发地监管局收到一般征候信息后,应立即向事发地地区管理局报告。

事发相关单位应当在事发后 24 小时内向事发地监管局填报民用航空安全信息初始报告表;事发地监管局应当及时将审核后的初始报告表上报事发地地区管理局;事发地民航地区管理局应当在事发后 48 小时内将审核后的初始报告表上报民航局航空安全办公室。如事实简单,责任清楚,也可直接填报最终报告表。

一般征候信息上报应遵照逐级上报原则。事发相关单位上报民用航空安全信息初始报告表后如果获得新的信息,应当及时补充报告。

4. 事故调查报告的格式

事故调查报告由标题、概述、正文和附录四部分组成。

(1) 标　题

事故调查报告标题由经营人名称,航空器型号、国籍及注册号,事故等级顺序组成。

(2) 概　述

概述包含的内容有:

① 事故通知,事故调查部门,发布报告的部门和日期。

② 经营人名称,航空器制造厂、型号、国籍及注册号,发生事故的地点和日期,任务名称和性质,人员伤亡和航空器的损失情况,事故等级。

(3) 正　文

1) 事实情况

① 飞行经过。航班号,最后起飞地点和时间,预定着陆地点;事故位置(经、纬度,标高),相对于邻近机场或城镇、村庄的方位和距离,事故发生的时间。

② 人员伤亡情况。死亡、重伤、轻伤/未伤。

③ 航空器损坏情况。简述航空器因事故而受损坏的情况(机毁、严重损坏、轻微损坏、未损坏)。

④ 其他损坏。航空器以外的其他物体因事故所受损坏的情况。

⑤ 人员情况。有关飞行机组各成员的资料,包括年龄、执照有效期、技术等级、飞行经历(总飞行小时和各机型飞行小时)以及有关执勤时间的资料。

⑥ 航空器情况。航空器的适航情况及维修情况。

⑦ 气象资料。与事故有关的气象条件,包括预报和实况资料,以及空勤机组获得气象资料的情况。

⑧ 助航设备。可用助航设备的情况,包括目视和非目视助航设备。

⑨ 通信。航空移动和固定通信服务及其工作效能的有关资料。

⑩ 飞行记录器。飞行记录器在航空器内的安装位置,回收时的状况,处理和译码情况,及其提供的资料和分析结果。

⑪ 残骸及碰撞情况。事故现场的一般情况及残骸分布形状;所发现的材料破损或部件故障。

还包括逃生、撤离、救援,调查中采用的新的、有效的调查技术等方面的情况。

2) 分　析

只对"事实情况"以及有关确定事故原因和结论的资料作出适当的分析。

3) 结　论

陈述调查结果和在调查中确定的原因。

4) 安全建议

简述为预防事故而提出的任何安全建议。

(4) 附　录

对于理解报告各部分内容所应当的任何其他有关资料。

3.6　通用航空不安全事件调查管理及案例分析

为了落实通航"放管服"要求,进一步完善通用航空事件调查处理机制。为加强行业治理能力现代化建设,改进通用航空监管模式,进一步规范通用航空事件调查的管理。

民航地区管理局负责辖区内通用航空不安全事件委托调查管理工作,民航安全监管局、民航安全监督运行办公室(监管局)负责辖区内通用航空器事件委托调查组织实施工作。

委托调查范围:未造成人员伤亡的通用航空器事故、通用航空器征候,地区管理局可以委托事发通航企事业单位组织调查。通用航空器一般事件,原则上由地区管理局委托事发通航企事业单位自行调查,地区管理局认为必要时,可以直接组织调查。

通航事件符合下列条件的,可以委托事发通航企事业单位开展调查工作:

① 非载客类经营;

② 未造成人员重伤或死亡;

③ 无非法飞行情况。

委托通航企业调查:

民航地区管理局根据通航企事业单位规模、运行情况、技术管理水平等对辖区内的通航企事业单位进行综合评估,确定辖区内可以委托调查的通航企事业单位。

接受委托开展通航事件调查工作的通航企事业单位(以下简称被委托调查单位),应当具备本章要求的事件调查能力。被委托调查单位应当明确事件调查的部门和职责,全面负责本单位事件调查的组织工作。被委托调查单位应当制定事件调查程序,规范事件调查工作。被委托调查单位应当配备调查人员,调查人员应当按照《被委托调查单位调查人员培训大纲》的相关要求参加培训,并考核合格。被委托调查单位调查人员应当具备以下条件:

① 在通航安全管理、飞行运行、适航维修、空中交通管理、机场管理或航空医学等专业领域具有 3 年及以上工作经历,具备较高的专业素质,对通航主要专业知识有广泛的了解;

② 有一定的组织、协调和管理能力;

③ 身体和心理条件能够适应调查工作。

被委托调查单位调查人员应当实事求是、客观公正、恪尽职守、吃苦耐劳,正确履行职责,遵守调查纪律。

被委托调查单位应当为调查人员配备必要的调查设备,保证调查工作顺利进行。调查设备应该包括现场摄影摄像、录音设备、绘图制图设备及个人防护装备等。

1. 委托调查程序

事件发生后,事发通航企事业单位应当按照《民用航空安全信息管理规定》的要求向事发地监管局报告。事发通航企事业单位和人员应当如实报告事件信息,不得隐瞒、谎报或者故意迟报。

事发地监管局收到事件信息后,应当判定是否符合委托调查范围和条件。符合委托调查的事件,由事发地监管局按照所属地区管理局相关规定办理委托调查手续,通知事发通航企事业单位开展调查。

在事件委托调查中,如情况发生变化,导致事件出现不符合委托调查的范围和条件,或者调查委托部门认为必要时,调查委托部门可以终止委托并接管事件调查。

2. 委托调查组织

事件发生后,被委托调查单位应当及时前往现场,做好现场保护、证据收集、驾驶舱保护、危险品防护、寻找证人等工作,并了解事件简要情况。

被委托调查单位应当按下列步骤开展调查:

① 立即成立调查组,指定调查组组长,开展事件调查。

② 调查工作应该包括查明事实情况、分析原因、得出结论,提出安全建议,并制定改进措施。

③ 完成事件调查报告,上报事发地监管局。

在调查过程中,被委托调查单位如发现重大安全隐患或涉及其他单位的安全问题,应当及时上报事发地监管局。

在调查过程中遇到困难时,被委托调查单位可以向事发地监管局申请调查技术支援。

被委托调查单位可以聘请有关专家协助开展调查工作。被委托调查单位应当在规定时限内按要求及时上报调查报告。不能在规定时限内完成的,应当在期限到达日之前向事发地监管局提交调查进展报告说明情况。

调查结束后,被委托调查单位应将接受安全建议以及改进措施的落实情况向事发地和所属地监管局上报,并将所有与调查相关的文件、资料、证据进行整理归档,交本单位档案管理部门保存,并按要求接受局方调查审核。

3. 通航典型事故案例分析

随着通用航空的快速发展,国内通航事故时有发生。在通航发展过程中,事故可以通过努力不断减少但不能完全避免。本小节通过对两起通航典型事故案例进行分析,总结出相应的安全建议。

(1) Y5B(D)/B-50AA 飞机坠田事故

2018年8月3日,某通航企业机长飞行员甲、副驾驶飞行员乙驾驶该公司 Y5B(D)/B-

50AA 号飞机在佳木斯市同江市青龙山农场执行农化喷洒作业。3:30 左右,机务人员进场检查飞机并试车,飞机各系统正常;4:08 左右,飞行机组进场开始农化作业飞行,后续完成 9 架次农化作业任务;7:10 左右,飞机落地后机务向两侧油箱加油共 400 L,补充药液 900 kg。期间地面发现农化喷洒设备冷气手柄处漏冷气,冷气压力不足,机务人员检查拆解了冷气手柄,清洗后,工作正常。9:01 左右,机组开始第 10 架次作业,飞机正常;9:33 左右,机组开始第 11 架次作业,起飞时,地面观察起飞姿态正常。机长操纵飞机起飞后爬升高度到 10 m 左右时感觉发动机功率不足,越过第一树带之后,听到发动机有"放炮"的声音,螺旋桨转动变慢。机长感觉发动机动力不足,不能保持飞行高度,立即操纵飞机迫降,坠落于青龙山机场跑道中心方位 184°、约 2 km 处的水田中,坠机地点坐标为 N47°40′14″、E133°02′20″。此次坠机造成机上副驾驶头部被玻璃碎片划破,受轻微伤。B-50AA 飞机虽然整体完整,但严重损毁。螺旋桨 4 片桨叶严重变形,3 号桨叶完全陷入泥中,4 号桨叶部分陷入泥中;发动机严重损毁,迫降时由于冲击地面进入大量植被和泥浆,经厂家判断报废;飞机发动机与机身结合部下部挤压变形明显;左下翼损毁,左上翼基本完好,左两翼间张线撕断;右下翼损毁,右上翼基本完好。飞机驾驶舱左侧风挡破碎,碎片导致副驾驶头部划伤。飞机坠田现场残骸如图 3-2 所示。

图 3-2 飞机坠田现场残骸

对于该起事故的分析如下:

1)飞机坠落过程分析

B-50AA 飞机执行当天第 11 架次农化作业时,机务地面观察正常,机长起飞离地正常。上升高度 10 m 左右发现飞机发动机功率不足,保持飞行姿态,小角度上升,但速度保持 110 km/h,无法加速。此时机长发现发动机声音不正常,柔和加油门发现动力有减小趋势,之后感觉发动机已经停止工作,紧急向后抱住操纵杆,飞机以正仰角姿态大角度接地。

2)事故原因分析

根据机场监控等物证,排除飞机由于油量耗尽停车的可能。结合 Y5 飞机空中停车的其他案例,调查人员将调查重点转移到排气管加温管上。拆检排气管加温管中,调查人员发现左侧主排气管内加温管断裂并在飞行中脱落,但在事发现场未能找到丢失加温管。

根据发动机排气管拆检情况判断,该机起飞后是由于发动机排气管内加温管脱落,导致排出的高温废气通过排气管进入汽化器使发动机进气混合比严重失调,引起发动机功率下降,进而造成空中停车。

3）加温管脱落分析

加温管整体脱落表明缝隙存在时间已经很长,调查人员开始对日常维修情况进行深入调查。调查结果表明维修人员对适航指令要求掌握、落实不到位,存在未执行的适航指令。适航指令 CAD87-Y005-04R1（运-5 型飞机汽化器加温管和进气门的检查和修理）中关于排气总管的检查时限明确要求:加温管在使用 500 小时内,结合飞机 200 小时定检,可仅用煤油检查加温管有无渗漏（此处"飞机 200 h 定检"指发动机而非机体）,然而在该机 2017 年 8 月 18 日进行的发动机 200 小时定检、事发 20 天前（2018 年 7 月 14 日）进行的发动机 300 小时定检中,维修人员只是采取"目视检查方法",使用放大镜对加温管进行了检查。在两次定检中,均没有按照适航指令 CAD87-Y005-04R1 用煤油检查加温管有无渗漏（如有裂纹会出现煤油浸渍）,因此未能及时发现加温管裂纹,在后续的飞行中由于震动等原因导致事发时加温管整体脱落。

综上,此次事件发生的直接原因是 B-50AA 飞机发动机左排气管内加温管脱落,导致排出的高温废气通过排气管进入汽化器使发动机进气混合比严重失调,引起发动机功率下降,进而造成空中停车;主要原因是机务维修人员对发动机排气加温管拆解检查不到位,未执行适航指令要求。

依据中华人民共和国《生产安全事故报告和调查处理条例》（国务院第 493 号令）第三条第（四）款"一般事故,是指造成 3 人以下死亡,或者 10 人以下重伤,或者 1000 万元以下直接经济损失的事故"的规定,该事件构成一起因维修不当造成的通用航空一般事故。对这起事故提出的相应安全建议如下:

① 企业应当加强飞机发动机等关键部位检查,熟悉检查方法、步骤、技术标准和程序要求,确保飞机适航检查质量。

② 企业应当以"三基"建设为契机,加强机务人员维修作风建设,提高执行规章、执行适航指令的严肃性和严谨性。

③ 企业应当严格落实工作单检查制度,做到熟悉规章、熟悉指令,提高适航放行质量。

④ 企业应当加强飞行前准备,确保机组熟悉作业环境,完善不正常程序处置预案,提高发动机失效处置能力。

（2）"6·16"凤翔通航直升机飞行撞山事故

2018 年 6 月 16 日,凤翔通航 AS350B3/B-7460 号直升机计划于 08:00～19:00 执行昆明市第一人民医院（甘美医院）经昆明市海埂公园至安宁市人民医院的医疗救援调机任务,真高 100 m 以下,目视飞行。08:17,直升机起飞,预计飞行时间为 20 min。08:28,北斗系统上的直升机飞行轨迹停止,最后记录时刻的地理位置为昆明市西山区青山垭口附近。08:43,公司航务人员将北斗系统上直升机飞行轨迹停止的情况报告给公司领导,公司开始通过各种途径联系机组但未果。09:53,云南监管局收到直升机失联的信息后,立即协同地方人民政府和公司开展应急处置。13:30,搜寻队伍在事发地发现直升机残骸,2 名飞行人员及 1 名随机机械员死亡。直升机与山体相撞解体并发生燃油泄漏起火,机身壳体,包括座舱、行李舱、电子设备舱、燃油箱等大部分烧毁,主旋翼、发动机与机身分离,三片旋翼不同程度折损,尾梁弯曲变形,航空器完全损毁。事故还造成部分树枝、岩石被砍断,构成生产安全较大事故。事发地点飞机残骸如图 3-3 所示。

图 3-3 事发地点飞机残骸

对于该起事故的分析如下：

1）机组准备情况

飞行前预先准备记录表由机组随机携带，事发后未在现场找到任何纸质媒介。

2）获取气象信息情况

起飞前，公司航务人员通过手机 App WINDY 系统了解了雨量和能见度及云底高，此 App 可以大概了解起飞点和航路的天气情况，如能见度和云底高等。但并无证据表明公司航务人员将了解到的气象信息有效传递至飞行机组，也无证据表明飞行机组在飞行前获得了关于此次飞行的起降点及航线的气象资料。直升机最后阶段飞行轨迹示意图见图 3-4。

图 3-4 最后阶段飞行轨迹示意图

3）载重平衡情况

本次飞行未超过最大业载和最大起飞重量。

4）飞行计划实施情况

本次飞行前，公司按程序向相关管制单位进行了申请，得到了批复。批复的航路点为：昆明市第一人民医院、昆明市海埂公园、安宁市人民医院。

公司手持 GPS 中存储的导航点除此之外还有一个西山转弯点。机组未向公司报告偏离原因，推测可能当时进入边缘天气因而机组改变了转弯点。北斗系统监控到的飞行轨迹如图 3-5 所示。

图 3-5 北斗系统监控到的飞行轨迹

5) 事发地附近区域气象情况

6月16日云南全省受偏西转西北气流控制,大部分地区受中低云系控制,昆明为多云有阵雨的天气。根据事发时昆明海埂公园的视频监控画面推测,机组在飞越滇池进入山区之前,能够看清山体轮廓,当时气象条件可能满足旋翼机目视飞行气象条件。

6) 发动机工作情况

经调查,该机在此前的飞行工作中,发动机未发现异常。从事故现场勘查情况看,事发时旋翼的切削力量较大,发动机的输出功率应当较大,且无证据表明事发时发动机处于异常工作状态。据此判断,事发时可能发动机工作正常。

7) 除发动机以外其余系统情况

因直升机未配备飞行数据记录器(FDR)和驾驶舱话音记录器(CVR),事发现场的机身主体烧毁严重,3名乘员均罹难,调查组未收集到足够的证据进行理论分析,无法对除发动机以外的通信、电源、液压、飞行控制等系统的工作情况进行推测。

8) 撞击过程分析

直升机坠毁在陡峭的山坡及悬崖崖壁上,机身残骸地理位置海拔高度2 348 m,该处散落尾桨、尾梁、水平尾翼、垂直尾翼、主减速器、部分驾驶舱设备(驾驶杆等)等。机身有明显的烧蚀痕迹,机身右侧舱门从机身脱落,散落在机身南方即飞行方向的右侧,主旋翼及发动机卡在悬崖崖壁一处缝隙中,因此推测直升机撞向山崖时可能为西南航向。

9) 直升机撞山原因分析

由于AS350B3直升机不具备在仪表气象条件下飞行的能力,且机组未接受过目视飞行无意进入仪表气象条件处置方法训练,机组可能缺乏在仪表气象条件下飞行的经验,因此撞山的原因可能是机组在按照目视飞行规则飞行到边缘天气条件时,决策失误,导致直升机在山区低高度进入仪表气象条件。进入仪表气象后爬升不及时,由于机组对周围的地形情况丧失情景意识,未能保持正确航向,导致飞向山崖并撞山。此外,下一段飞行任务(医疗救援)的紧迫性,也可能对飞行员的决策产生不利影响。

根据国务院《生产安全事故报告和调查处理条例》(国务院令第 493 号),本次事件构成一起生产安全较大事故。事故的最大可能原因是机组决策不当,在目视飞行过程中误入仪表气象条件而导致撞山。其他可能的促成因素包括在山区飞行时遭遇局部恶劣天气,影响了机组对飞行状态的判断;下一段飞行任务(医疗救援)的特殊性,也可能对机组的决策产生了不利影响。

对此次安全事故提出的相应安全建议如下:

① 公司应完善飞行前准备的管控程序,确保飞行机组在飞行前能够获得确保运行安全的必备文件或等效资料,飞行机组飞行前准备时应熟悉各类特情处置预案。

② 公司应结合作业地区气象、地形等特点,合理制订飞行计划,并制订公司航线飞行作业指导文件,明确航线飞行要求,对不能按计划航线飞行时应制订相关应急程序和操作规范。明确山区飞行时应严格控制实际飞行高度,确保有足够的越障裕度和机动能力。特别在仪表运行中突遇意外天气条件时,应严格按照 CCAR91 第 183 条要求,立即向管制单位进行报告。

③ 公司应严格运行标准,对于无仪表等级的飞行机组,运行阶段的天气标准不得低于 CCAR91 第 155 条规定的相应标准。

④ 公司应按照民航局咨询通告《直升机医疗救援服务》《直升机安全运行指南》的具体内容,在公司训练大纲中加入意外进入仪表气象条件的规避和恢复程序,对可以从事直升机医疗救援服务的飞行员进行相应训练和考核。

⑤ 公司应加强飞行队伍管理,建立规章标准的红线、底线要求,采取有效管控手段,确保飞行人员在执行不同飞行任务时始终坚持安全第一的原则。

⑥ 公司应针对医疗救援等紧急任务制定相关政策与程序,以确保在接收任务之前以及执行任务过程中对风险进行适当的管理。

⑦ 公司应依据《飞行人员和空中交通管制员体检鉴定档案管理办法》(MD-FS-2016-049),完善飞行人员体检健康档案管理工作。

⑧ 目前民航的气象服务体系是基于 CCAR121 部运输航空公司开展的,主要提供机场周围、航路航线的气象服务。

对于通用航空飞行,特别是非航路的目视飞行,民航系统能提供的气象资料不能满足运行要求。通用航空公司一般通过地方气象局、手机 App、网站等途径获得气象资料。建议民航局开展相关的研究,明确气象资料来源的合法途径,指导通航公司更好地获得准确的气象资料。

3.7 航空应急救援

航空应急救援(以下简称"航空应急")作为应急救援的一种方式,其独特之处在于所使用的技术条件和组织管理方式。在航空应急中,通用航空应急救援更是以快速高效性、地理条件弱受制性等特点,成为世界上许多国家普遍采用的最有效的救援方式之一。我国航空应急自汶川地震首次发挥作用以来受到广泛关注和重视,但由于目前我国通用航空应急救援可参照的标准比较空白,相比于国外标准体系尚不健全,个别已有标准的内部逻辑链不完整,另外缺乏基于情景的针对性的航空应急标准。构建通用航空应急标准体系,是通航应急救援的需要,是航空应急救援标准化建设的重要基础,同时也是开展标准建设、防止标准间重复、交叉、矛盾等问题的重要举措。

3.7.1 突发事件分类和应急救援响应等级

1. 突发事件分类

（1）机场突发事件

机场突发事件包括航空器突发事件和非航空器突发事件。

（2）航空器突发事件

① 航空器失事；

② 航空器空中遇险，包括故障、遭遇危险天气、危险品泄漏等；

③ 航空器受到非法干扰，包括劫持、爆炸物威胁等；

④ 航空器与地面相撞或与障碍物相撞，导致人员伤亡或燃油泄漏等；

⑤ 航空器跑道事件，包括跑道外接地、冲出、偏出跑道等；

⑥ 航空器火警；

⑦ 涉及航空器的其他突发事件。

（3）非航空器突发事件

① 对机场设施的爆炸物威胁；

② 机场设施失火；

③ 机场危险化学品泄漏；

④ 自然灾害；

⑤ 医学突发事件；

⑥ 不涉及航空器的其他突发事件。

2. 航空器突发事件的应急救援响应等级

① 原地待命。航空器在空中发生故障等突发事件，但该故障仅对航空器安全着陆造成困难时，各救援单位应当做好紧急出动的准备。

② 集结待命。航空器在空中出现故障等紧急情况，随时有可能发生航空器坠毁、爆炸、起火、严重损坏，或者航空器受到非法干扰等紧急情况时，各救援单位应当按照指令在指定地点集结。

③ 紧急出动。已发生航空器失事、爆炸、起火、严重损坏等情况时，各救援单位应当按照指令立即出动，以最快速度赶赴事故现场。

非航空器突发事件的应急救援响应不分等级。发生非航空器突发事件时，按照相应预案实施救援。

3.7.2 通用航空应急救援

1. 通用航空应急救援类型

① 通用航空应急救援。使用通用航空器及专用设备实施应急救援的通用航空作业。

② 搜寻与救援。使用通用航空器及专用设备实施指定区域内搜寻救助遇险人员的作业，包括山区搜救、海上搜救等。

③ 医疗救护。使用通用航空器及专用医疗救护设备并配备专业医护人员，对患者进行紧

急施救和运送的飞行服务。

④ 消防救援。使用通用航空器及专用设备实施消防救援的航空作业,包括城市消防、森林草原消防等。

⑤ 物资运送。使用通用航空器及专用设备实施应急救援物资转移的航空作业,包括运输物资、吊挂物资、空投物资等。

⑥ 人员运送。使用通用航空器及专用设备实施人员转移的航空作业,包括受灾人员转移、救援人员转移等。

2. 通用航空应急救援航空器

通用航空应急救援航空器指能够快速有效的达到救援现场,实施救援作业的航空器,包括达到适航条件的直升机、固定翼飞机、无人机等。

① 救援直升机。处在适航状态能够快速达到水、陆路不可通达的救援现场,实施搜寻与救援、物资运送、空中指挥等作业的直升机。

② 救援固定翼飞机。处在适航状态能够快速达到水、陆路不可通达的救援现场,实施搜寻与救援、物资运送、空中指挥等作业的固定翼飞机。

③ 救援无人机。处在适航状态能快速有效到达救援现场,实施空中侦察、指挥等作业的无人驾驶航空器。

3. 通用航空应急救援装备

通用航空应急救援装备有:

① 机载救援装备。安装在航空器内部或便携式的、功能明确与航空器共同完成救援任务的航空器装载设备,包括搜索定位、医疗救护、通信等设备。

② 外部装载救援装备。安装在航空器外部、功能明确与航空器共同完成救援任务的航空器装载设备,包括城市消防外载荷系统、外吊挂系统、搜救吊篮等。

③ 地面保障装备。保障救援航空器起飞或者降落的各种地面设施设备,包括应急机坪、电源设备、灯光设备、指挥信息系统及其他地面保障装备。

④ 个人防护装备。救援作业人员在进行救援任务中为防御物理、化学、生物等外界因素伤害所穿戴、配备和使用的各种护品,以及应急救援训练中的人员防护装备等,包飞行员、绞车手、飞行观察员、救生员及其他人员个人装备。

⑤ 森林航空消防应急救援装备。用于森林消防应急救援作业的各类航空器及器材装备。

⑥ 直升机城市消防应急救援装备。用于城市高层、超高层建筑的消防应急救援作业的直升机及器材装备。

⑦ 最低设备清单。航空运营人根据型号合格证持有人颁发的主最低设备清单并考虑直升机构型、运行程序和条件所编制的设备清单。

4. 通用航空应急救援机场

通用航空应急救援机场有:

① 通用航空应急救援场站。实施通用航空应急救援任务的备勤场地或起降点。

② 通用航空机场。供通用航空器从事应急救援航空活动而使用的机场,包括可供飞机和直升机起飞、降落、滑行、停放的场地和有关地面保障设施。

③ 通用航空临时机场。进行季节性救援作业或执行临时紧急救援任务暂时供飞机和直升机起降使用的机场。

④ A类通用机场。对公众开放的通用机场，即允许公众进入以获得飞行服务或自行开展飞行活动的通用机场。

⑤ A1类通用机场。含有使用乘客座位数在10座以上的航空器开展商业载客飞行活动的A类通用机场。

⑥ A2类通用机场。含有使用乘客座位数在5～9座范围内的航空器开展商业载客飞行活动的A类通用机场。

⑦ 直升机场。全部或部分供直升机起飞、着陆和表面活动使用的场地或构筑物上的特定区域。

⑧ 直升机临时起降机场。供直升机执行救援任务临时起飞、着陆和表面活动使用的且设有必要地面保障设备的场地或构筑物上的特定区域。

5. 通用航空应急救援行动

通用航空应急救援行动包括：

① 应急预案。为有效预防和控制事故发生，最大程度减少事故及其造成损害而预先制定的工作预案。

② 应急准备。针对可能发生的事故，为迅速、科学、有序地开展应急行动而预先进行的思想准备、组织准备和物资准备。

③ 应急响应。针对发生的事故，有关组织或人员采取的应急行动。

④ 应急救援。在应急响应过程中，为最大限度地降低事故造成的损失或危害，防止事故扩大，而采取的紧急措施或行动。

⑤ 应急演练。针对可能发生的事故场景，依据应急预案而模拟展开的应急活动。

3.7.3　应急管理规定

中国民用航空局、民航地区管理局和企事业单位为履行以下责任和义务而开展的预防与应急准备、预测与预警、应急处置、善后处理等民航应急工作遵守本规定：

①防范突发事件对民用航空活动的威胁与危害，控制、减轻和消除其对民用航空活动的危害；②防止民用航空活动发生、引发突发事件，控制、减轻和消除其危害；③协助和配合国家、地方人民政府及相关部门的应急处置工作。

1. 管理体制与组织机构

① 民航应急工作建立统一领导、综合协调、分类管理、分级负责的管理体制。

② 民航管理部门成立应急工作领导机构，统一领导全国或所辖地区的民航应急工作，监督、检查和指导下级民航管理部门、企事业单位的民航应急工作。企事业单位的民航应急工作应当接受民航管理部门的监督、检查和指导。

③ 民航管理部门设立应急工作办事机构，协助应急工作领导机构组织开展民航应急工作，与国家、地方人民政府及相关部门的应急工作办事机构建立必要的工作联系，履行信息汇总与综合协调职责。民航应急工作办事机构的人员配置应当满足本部门应急工作的需要。

④ 民航管理部门设立或者指定应急值守机构,负责接报、报告和通报突发事件的预警与发生信息,协助组织、指挥和协调应急处置。应急值守机构与国家、地方人民政府及相关部门的应急值守机构建立必要、可靠的工作联系。

⑤ 企事业单位应当设立或者指定应急工作机构,负责联系民航管理部门应急工作办事机构,向民航管理部门应急值守机构报送突发事件信息。

⑥ 民航管理部门的各个职能部门根据工作职责负责具体管理相关民航应急工作。

⑦ 突发事件对民用航空活动造成严重威胁、危害,民用航空活动发生、引发突发事件,或者国家、地方人民政府及相关部门要求民航协助和配合应急处置工作时,民航管理部门可以视情成立现场应急指挥机构,组织、指挥或协调应急处置。民航管理部门如不能有效控制、减轻或消除突发事件的危害,需要上级行政主管部门采取措施时,应当及时向上级行政主管部门报告。

⑧ 民航管理部门可以聘请有关专家组成专家组,为民航应急工作提供决策建议,参与应急处置指挥。

2. 预防与应急准备

① 民航管理部门应当根据有关法律、行政法规、规章,上级行政主管部门及相关部门的应急预案,结合民航运行实际情况,制订应急预案。

② 民航管理部门建立健全应急预案体系,包括总体应急预案、专项应急预案、地区应急预案等。

③ 企事业单位及其分支机构应当依据相关法律、法规、规章和民航管理部门应急预案的相关内容,制订相应的应急预案。民航局空中交通管理局和跨地区运营的航空服务保障公司的应急预案应当报民航局备案,其他企事业单位及其分支机构的应急预案应当报所在地民航地区管理局备案。

④ 应急预案应当明确适用的情境条件,并根据其性质、特点、影响、应对需要,明确工作原则、组织体系与职责分工、指挥与运行机制,规定预防与应急准备、预测与预警、应急处置与救援、善后处理等工作环节的操作程序、相关标准和保障措施。

⑤ 应急预案的制订单位在制订应急预案时,应当加强与国家、地方人民政府及相关部门、相关民航管理部门、企事业单位的沟通、协调,确保相关应急预案之间可良好的衔接。民航管理部门应当加强对企事业单位编制应急预案的工作指导。

⑥ 应急预案的制订单位应当根据实际需要和情况变化,适时修订应急预案。

⑦ 应急预案的制订单位应当定期组织预案演练,演练的周期应当在预案中明确规定。企事业单位组织开展的预案演练应当接受民航管理部门的监督、检查。

⑧ 民用机场与民航重要设施的规划应当符合预防、处置突发事件的需要。民航管理部门、企事业单位在制订规划时,应当统筹安排应对突发事件所必需的设备配备和基础设施建设,采取必要的容灾备份措施。

⑨ 企事业单位应当保证重要保障系统的安全运行水平,加强运行管理,及时发现影响民用航空安全与正常的不利因素,采取措施及时消除可能导致突发事件发生的风险隐患,防止和减少由于民航原因导致的突发事件发生。

⑩ 民航管理部门应当组织、协调相关部门和企事业单位,共同建立民航协助和配合国家、地方人民政府及相关部门应急处置的工作机制。

⑪ 民航管理部门和企事业单位应当建立健全民航应急工作培训制度。

⑫ 企事业单位应当根据民航有关法律、法规、规章要求,建立专职或者兼职应急救援队伍。

⑬ 民航管理部门和企事业单位应当开展民航应急工作知识宣传普及活动。

⑭ 民航局鼓励、扶持具备相应条件的科研教学机构组织开展民航应急工作教育、培训活动;鼓励、扶持教学科研机构和相关企事业单位研究开发用于民航应急工作的新技术、新设备和新工具。

3. 预测与预警

① 民航局建立统一的民航应急工作信息系统,汇集、储存、分析和传输有关突发事件信息,并在上、下级之间,相关单位、部门之间实现互联互通,加强信息交流与情报合作。

② 民航管理部门应当及时收集对辖区内民用航空活动具有潜在重大影响的突发事件信息,分析影响民用航空安全与正常的主要因素。

③ 民航管理部门在收到国家、地方人民政府及相关部门发布的突发事件预警信息,预计突发事件将对民用航空活动构成严重威胁时,应当及时向相关民航管理部门、企事业单位通报预警信息,并要求下级民航管理部门、相关企事业单位预先做好应对准备。

④ 民航管理部门和企事业单位收到突发事件预警信息后,应当针对突发事件的特点、发展趋势和可能造成的危害,及时采取相关措施,避免或减少损失的发生。

⑤ 民航管理部门收到突发事件预警信息后,可以组织相关部门和企事业单位采取下列部分或全部措施:

➢ 启动相关应急预案;

➢ 对突发事件相关信息进行进一步的收集、分析和评估,预测突发事件发生的可能性、危害的严重程度与范围;

➢ 向相关机构和人员宣传避免、减轻突发事件危害的常识;

➢ 组织、协调相关应急处置人员、机构进入待命状态,动员后备人员、机构做好参加应急处置的准备;

➢ 了解应急处置所需的物资、设备、工具及相关设施、场所准备情况,做好投入使用的准备;

➢ 加强对民航重要基础设施的防护,增强民航关键设备、设施的容灾备份能力;

➢ 转移、疏散或撤离易遭受突发事件危害的人员与重要财产,并给予妥善安置;

➢ 关闭或者限制使用易遭受突发事件危害的民航工作、服务场所;

➢ 检查本单位民航应急工作信息系统与相关部门、单位的互联互通情况,启用信息系统与相关部门、单位建立联系;

➢ 其他能够防止突发事件发生或防范、控制和减轻突发事件危害的必要措施。

4. 应急处置

① 突发事件对民用航空活动造成严重危害,或者民用航空活动发生、引发突发事件时,获

悉相关信息的企事业单位应当及时向民航管理部门报告,并依据事件的性质、严重程度和影响范围,及时采取应急处置措施控制事态发展。民航管理部门应当按照有关规定向上级行政主管部门、有关地方人民政府及相关部门、企事业单位报告或通报。报告和通报相关信息时,应当做到及时、客观、真实,不得迟报、谎报、瞒报、漏报。

② 报告与通报相关信息的内容应当包括突发事件发生的时间、地点、信息来源,突发事件的性质、危害程度、影响范围,突发事件发展趋势和已经采取的措施等内容。在时间紧迫的情况下,可以先报告部分内容,但应尽快补充、完善信息内容。

③ 突发事件对民用航空活动造成严重危害,或者民用航空活动发生、引发突发事件时,民航管理部门应当依据职责、权限,突发事件的性质、严重程度与影响范围,立即启动相关等级应急响应,根据应急预案组织、指挥或协调应急处置。

④ 民航管理部门在组织、指挥或协调应急处置时,可以组织相关企事业单位采取下列部分或全部应急处置措施:

➢ 组织、协调有关单位、部门、应急救援队伍和专业技术人员实施民航应急处置;

➢ 搜寻、援救受到突发事件危害的航空器与人员,开展必要的医疗救护和卫生防疫,妥善安置受到突发事件威胁或影响的人员;

➢ 控制危险源,划定并有效控制民航应急处置区域;

➢ 启用备份设备、设施或工作方案;

➢ 抢修被损坏的民航关键设备与重要设施;

➢ 禁止或者限制使用民航有关设备、设施,关闭或者限制使用民航有关工作、服务场所,中止或者限制民用航空活动;

➢ 制订并采取必要的次生、衍生灾害应对措施;

➢ 调集应急处置所需的民航专业人员、物资、设备、工具及其他资源;

➢ 组织优先运送应急处置所需的人员、物资、设备、工具和受到突发事件危害的人员;

➢ 其他有利于控制、减轻和消除突发事件危害的必要措施。

⑤ 国家、地方人民政府及相关部门要求民航管理部门协助和配合应急处置时,民航管理部门应当依据相关规定、应急处置所需要的行动规模、民航运行情况与相关应急预案,启动相关等级应急响应,组织、协调相关企事业单位给予协助和配合。企事业单位应当依据民航管理部门的部署和本单位相关应急预案,迅速制订落实方案并组织实施。企事业单位有义务协助和配合国家、地方人民政府及相关部门的应急处置工作。

⑥ 民航管理部门在组织、指挥或协调应急处置过程中,应当准确、及时地发布民航应急处置信息。企事业单位在应急处置过程中,可以发布有关本单位遭受突发事件影响和采取应对措施的信息。

⑦ 任何单位和个人不得编造、传播有关突发事件或者民航应急处置工作的虚假信息。发布的信息应当避免干扰或者妨碍民航应急处置工作。

⑧ 参加应急处置的企事业单位应当及时向组织、指挥或协调应急处置的民航管理部门报告工作情况。组织、指挥或协调应急处置的民航管理部门应当及时向上级行政主管部门报告工作情况。

⑨ 参加应急处置的民航管理部门、企事业单位应当详细记录应急处置工作过程。

⑩ 突发事件的威胁和危害得到控制、消除,或者协助和配合国家、地方人民政府及相关部门的应急处置的任务完成时,负责组织、指挥或协调应急处置的民航管理部门应当根据应急预案的规定终止应急处置。

3.7.4 通用航空应急标准体系框架

1. 国内航空应急标准体系发展

目前我国航空应急救援可参照的标准较少,国内航空应急标准体系相比于国外标准体系尚不健全,以及我国空域限制等条件的制约,实际救援中航空应急的应用还在探索中。

我国民航局发布的《森林航空消防技术规范》仅从巡护预警、火场侦查等方面做了规定,缺乏对航空消防设备配备、人员培训等方面的要求。2017年国务院办公厅发布的《国家突发事件应急体系建设"十三五"规划》提出,要进一步完善应急管理体系,鼓励通用航空企业增加具有应急救援能力的设备。同年,民航局发布的《通用航空"十三五"规划》提出,要加强通航标准体系建设。

2. 航空应急标准体系现状

现有民航应急标准主要涉及民航运输机场及航空器救援装备等几个方面,侧重于民航运输中的应急处置,服务于民航运输安全,以及公共运输中的旅客安全。

目前通用航空标准体系中包含航空应急救援标准,但是借助于航空器进行受灾地现场救援和人员搜救的航空应急标准还不完善,难以满足现实应急救援过程中的需要。

3. 航空应急标准体系存在的问题

① 航空应急标准的基本覆盖面缺失。当前我国航空应急标准缺失明显,如缺乏航空应急的组织标准。当前,重大突发事件常须联合多部门开展应急救援。

② 已有零散航空应急标准的内部逻辑链缺失。当前我国航空应急还处于萌芽时期,航空应急标准也处在摸索构建阶段,已有标准明显不能满足需求。

③ 缺乏基于情景的针对性航空应急标准。目前航空应急缺乏建立在不同情景下的标准,不同的应急救援环境和应急救援事件的人员培训和装备配备之间存在很大的差别,如城市消防、海上搜救、山地搜救等之间的区别。

4. 航空应急标准体系框架分析

标准体系是指一定范围内的标准按其内在联系形成的科学的有机整体。标准体系是标准发展的顶层设计,是标准关系体系化的表达。多维度地构建标准体系,已经成为一种趋势。航空应急标准体系构建框架如图3-6所示。

① 基于要素的航空应急标准。航空应急是一个复杂多变的人-机-环-管(Men-Machine-Medium_x0002_Management,4 M)系统。考虑到航空应急所涉及的人、物以及技术因素和组织因素的不同,将标准划分为航空应急人员标准、航空应急机器配备标准、航空应急环境标准、航空应急管理标准。

② 基于空间的航空应急标准。"空间"指对应急救援不同情景类型的划分,各类应急救援情景有共同之处也有各自特殊性。按不同情景制定的航空应急标准,是航空与不同领域的结

合,同时可以为航空技术装备性能的充分发挥提供空间。

③ 基于时间的航空应急标准。"时间"是指应急救援的不同阶段。航空应急可分为应急预防、应急准备、应急响应和应急恢复等几个阶段。基于时间制定的航空应急响应标准要求应急救援各参与部门、各航空企业按照标准实施活动,该标准也可以为航空应急各组织、各单位强化自我管理能力提供动力。

④ 基于不同级别的航空应急标准。"级别"是指航空应急标准适用的层次范围,反映制定和发布应急救援标准机构的级别。按不同级别制定的航空应急标准可以分为国家标准、行业标准、团体标准以及企业标准,其在一定程度上为航空企业强化自我管理提供了有力的依据和参考。

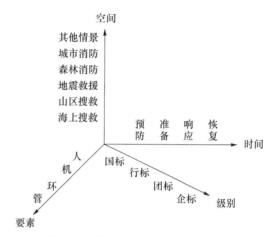

图 3-6 航空应急标准体系构建框架

5. 航空应急标准体系构建

构建航空应急标准体系应基于以下 4 个基本原则:

① 系统性。明确航空应急救援标准体系构建的目标是指导航空应急救援任务高效完成,围绕此目标,循序、全面地构建体系。

② 层次性。标准体系内的不同标准按照其使用范围,由不同级别的机构制订和发布。

③ 分类性。标准体系根据各标准特性提炼共性形成子标准体系。

④ 独立性。标准体系内的标准按照子体系进行划分,各体系之间互相独立,标准之间互不交叉。

通用标准按照集合划分方式,从人、机、环、管 4 个方面制定指导航空应急救援开展的技术标准和组织标准。人、机、环、管 4 个方面下的标准依托于不同的航空应急事件类型,并对标准提取共性要素进行划分。

① 在"人"方面,人员标准除包括航空应急人员资质培训的共性标准外,按照参与救援飞行的专业人员类型,还包括机长、副驾驶、绞车手、空中观察员、救生员等特种人员的资质培训标准。

② 在"机"方面,标准又分为航空器、机载救援装备、外部装载装备、地面保障装备以及个人防护装备等方面。

③ 在"环"方面,特指航空应急救援任务开展的环境特性要求,包括空域环境、自然环境以及着陆点环境等。

④ 在"管"方面,管理标准以应急管理为依据,涵盖应急管理预防、准备、响应、恢复 4 个时间过程,包括预防标准、预案标准、演练标准、应急程序、处置标准、应急评价等几个方面。

人、机、环、管 4 个方面相互协作,涵盖航空应急活动的全过程,并按照从低到高的层次由相应的部门制订和发布,以此构成包含空间、要素、时间以及级别 4 个维度的航空应急标准体系。

6. 航空应急标准体系建设建议

① 从无到有创新体系构建,并不断维护标准体系。目前我国航空标准体系覆盖面还不够广。随着人民对美好生活的追求,航空应急应加快对新业态、新服务标准的制订,从无到有构建应急救援标准体系,这对于解决民生问题,对于发展航空应急救援产业,都具有重要价值。

② 发挥政府的组织协调和督促作用,多部门协作制订标准。在航空应急标准体系建设的过程中,通过多部门通力合作,才能建立一套完整的涉及民航管理、航空制造以及多领域实地应用的标准体系。

③ 落实新标准化法,积极发挥社会团体在应急标准制订中的作用。在标准体系构建的过程中强调公众参与的作用,按照政府引导、部门协作、企业主体、社会参与的思想,结合国外航空应急标准实践应用的经验,发挥社会团体在应急救援标准体系构建中的作用,进行航空应急标准体系建设工作。

④ 响应国家军民融合政策,注重军民两用技术标准的转化。在现行体制和航空应急的发展现状下,应开展民参军、军民融合、互补互助的救援模式。在航空应急标准体系构建的过程中,部分借鉴军用航空救援标准,同时总结以往的救援经验以丰富和完善航空应急标准,为实现国防和军队现代化提供丰厚的资源和可持续发展的后劲。

3.7.5 应急预案管理

民航应急预案是指民航管理部门与企事业单位为有效应对涉及民航的突发事件,最大程度减少突发事件并降低对民用航空活动造成的危害,或者协助和配合国家、地方人民政府及相关部门开展应急处置工作,而预先制定的工作方案。

民航应急预案管理工作遵循综合协调、分类指导、分级负责、动态管理的原则。

中国民用航空局负责全国民航应急预案的综合协调管理,中国民用航空地区管理局负责本辖区民航应急预案的综合协调管理。

1. 民航管理部门应急预案

民航管理部门应急预案主要包括总体应急预案与专项应急预案。

总体应急预案是各级民航管理部门开展应急处置工作的总体制度安排,由各级民航管理部门制定。

专项应急预案是为应对涉及民航某一类型或几种类型的突发事件,或者协助和配合国家、地方人民政府及相关部门开展应急处置工作而预先制定的涉及多个部门职责的工作方案,由各级民航管理部门的有关职能部门牵头制定。

2. 民航企事业单位应急预案

民航企事业单位应急预案主要包括综合应急预案与专项应急预案,由各民航企事业单位制定,侧重明确应急响应责任人、风险隐患监测、信息报告、预警响应、应急处置的具体程序和措施,应急资源调用原则等,体现自救互救、信息报告和先期处置等特点。

民航企事业单位应当根据实际工作需要,建立本单位应急预案体系。

3. 各级民航管理部门总体应急预案

各级民航管理部门总体应急预案内容主要包括总则、组织指挥体系与职责、预防与预警、处置程序与措施、应急保障措施、善后工作、附则、附件等。

① 总　　则。包括编制目的、编制依据、适用范围、工作原则等。

② 组织指挥体系与职责。包括应急领导机构、工作机构、现场指挥机构、专家组组成及其职责等。

③ 预防与预警。包括监控、排查风险隐患等应急准备措施、预警信息发布和解除程序等。

④ 处置程序与措施。包括信息报告与发布、应急预案启动、分级响应、先期处置、响应终止的程序与措施等。

⑤ 应急保障措施。包括应急队伍、物资、经费等。

⑥ 善后工作。包括损失评估、调查总结、恢复运行等。

4. 预案编制

应急预案编制应当遵循以下原则：

① 合法性原则。遵照有关法律、法规及民航规章要求。

② 可行性原则。符合风险应对实际和自身能力现状。

③ 衔接性原则。实现横向、纵向相关应急预案有机衔接。

④ 简便性原则。简明扼要、条理清晰、通俗易懂、方便使用。

编制应急预案应当在开展风险评估和能力评估基础上进行。

① 风险评估。针对突发事件特点，识别事件危害因素，分析事件可能产生的直接后果以及次生、衍生后果，评估各种后果的危害程度，提出控制风险、重大危险源保护、治理隐患的措施。

② 能力评估。全面调查第一时间可调用的应急队伍、装备、物资，以及可请求援助的应急资源状况，深入分析应对各类突发事件能力，为制定应急响应措施提供依据。

5. 应急演练

民航管理部门和企事业单位应当建立应急演练制度，制定演练计划，根据实际情况采取多种方式组织开展演练。鼓励开展不提前预告方式的应急演练。

应急演练应当坚持"统一规划，分项实施，突出实战，适应需求"的原则，按照计划准备、组织实施、评估总结三个阶段进行。

应急演练的周期应当在预案中明确规定，专项应急预案至少每3年进行一次演练。运输航空公司、航空服务保障公司、运输机场公司、民航局空管局等单位，应当有针对性地经常组织开展演练。

应急演练前，组织实施演练的单位应当制订演练方案，一般包括演练名称、目标、方法、程序、人员、装备、物资、经费等内容。

涉及民航管理部门、航空公司、航空服务保障公司、机场、空管等多家单位共同参与的大型综合性演练，演练所在地的民航地区管理局应当在演练开始前7个工作日内将演练方案报民航局备案。

应急演练组织单位应当开展演练评估，主要包括演练执行情况、预案合理性和可操作性、指挥协调和应急联动情况、应急人员处置情况、演练所用设备装备的适用性，以及对完善预案、应急准备、应急机制、应急措施等方面进行评估并提出改进的意见和建议。

鼓励委托第三方进行演练评估。

6. 评估与修订

应急预案编制单位应当建立定期评估制度,分析评价预案内容的针对性、实用性、可操作性和衔接性,实现应急预案的动态优化和科学规范管理。

有下列情形之一的,应当及时修订应急预案:

① 有关法律、行政法规、规章、标准、上级预案中的有关规定发生变化的;
② 应急指挥机构及其职责发生重大调整的;
③ 面临的风险发生重大变化的;
④ 重要应急资源发生重大变化的;
⑤ 预案中的其他重要信息发生变化的;
⑥ 在实际应对或应急演练中发现问题需要作出重大调整的;
⑦ 应急预案制定单位认为应当修订的其他情况。

第4章 航空安全信息管理系统

4.1 航空安全信息管理概述

4.1.1 航空安全信息的概念

航空安全信息指的是在劳动生产中起安全作用的信息,是安全活动所依赖的资源。在生产生活中,与消除/减少事故隐患、减少事故损失、促进民航安全生产、保障民航安全生产有关的数据集合统称为航空安全信息。航空安全信息包括警示信息、上级命令、安全标志、安全信号、伤亡事故统计、事故报告等。

4.1.2 航空安全信息的分类

按照信息的形态,航空安全信息可划分为一次安全信息和二次安全信息。一次安全信息指生产和生活过程中的人、机、环境客观安全性,以及发生事故后的现场状况;二次安全信息包括安全法规、条例、政策、标准,安全科学理论、技术文献,企业安全规划、总结、分析报告等。

按照生产内容,航空安全信息可划分为生产安全信息、安全工作信息和安全指令性信息。生产安全信息包括:①生产状况信息,如飞行设备的工作状态、飞行航线信息、飞行过程中的危险环节、民航运行隐患的整改信息;②生产异常信息,指民航生产过程中出现的与指标或正常状态不同的相关信息,如不安全事件、差错、隐患等;③生产事故信息,指民航事故的所有相关信息,如事故统计及分析、事故调查及处理、事故的应急、事故的模拟、事故致因原理的研究。

安全工作信息包括:①安全组织信息,如安全生产方针、政策法规等贯彻落实情况;安全生产责任制的建立、健全及贯彻执行,安全会议制度的建立及实际活动,安全机构人员的配备及作用发挥,安全工作计划的编制、执行,安全竞赛、表彰等信息;②安全教育信息,如安全宣传、安全教育、安全档案、安全文化等;③安全检查信息,如安全检查的组织领导,检查的时间、方法、内容;查出的安全工作问题和生产隐患的数量、内容;隐患整改的数量、内容和违章等问题的处理信息等;④安全技术信息,如针对事故预防与控制所采取的安全技术对策的相关信息。

安全指令性信息包括:①安全生产法规,指与民航安全运行相关的各类指标、标准、法律法规和方针政策,及其贯彻落实情况;②安全工作计划,指政府、企业或部门定期的安全工作计划及完成情况;③安全生产指标,如针对特定行业的安全生产指标,各类事故的发生率及查处率、职工安全教育率、合格率、违章率及查处率,隐患检出率、整改率等信息。

此外,航空安全信息还可分为外部安全信息和内部安全信息。其中,外部安全信息指反映民航单位外部安全环境的信息,包括国内外政治经济形势、社会安全文化状况和法律环境,以及现代科学技术,特别是安全科学技术的发展信息及应用研究;同类民航单位安全生产相关的安全法律法规、制度、标准、规范,国内外相关民航单位的重大事故案例信息等。内部安全信息指反映民航单位系统内部各个职能部门的运行状况、发展趋势的信息,如民航单位内部安全生产活动中的人、机、环境的运行状态的相关信息。

4.1.3 航空安全信息的功能

航空安全信息具备一切信息的特性。例如,航空安全信息是经过安全管理者,安全检查、监察人员,班组长,事故调查人员等精心采集、仔细分析后获取的,它可以服务于企业安全管理决策,给企业带来经济效益。因此,安全信息具有价值性。由于信息处理过程需要耗费时间,安全信息从采集到真正用于安全管理活动之间有时间差。因此,安全信息具有滞后性。此外,随着时间推移,企事业单位的设备在更新、人员在流动、环境状况也因时间而改变,政策及安全目标都会调整变化,信息对管理活动的作用也将减弱或消失。因此,安全信息还具有时效性。

民航安全管理决策需要正确的、及时的、可靠的安全信息支持。安全信息是管理持续改进的重要的触发因素及永不衰竭的动力。以安全信息收集、分析评估、形势研判为核心的安全信息管理工作,在现代安全管理工作中占有极为重要的地位,概括来讲,安全信息的功能有如下几点:

① 航空安全信息是企业编制安全管理方案的依据。企业在编制安全管理方案、确定目标值和保证措施时,需要大量可靠的信息作为依据。例如,既要有安全生产方针、政策、法规和上级安全指示、要求等指令性信息,又要有企业内部历年来安全工作经验教训、各项安全目标实现的数据,以及通过事故预测获知生产安危等信息,作为安全决策的依据,这样才能编制出符合实际的安全目标和保证措施。

② 航空安全信息具有间接预防事故的功能。安全生产过程是一个极其复杂的系统,不仅同静态的人、机、环境有关系,而且同动态中人、机、环境结合的生产实践活动有关系,同时又与安全管理效果有关。如何对其进行有效的安全组织、协调和控制,主要是通过安全指令性信息(如安全生产方针、政策、法规,安全工作计划和领导指示、要求)。统一生产现场员工的安全操作和安全生产行为,促进生产实践规律运动,以此预防事故的发生,这样安全信息就具有了间接预防事故的功能。

③ 民航安全信息具有间接控制事故的功能。在生产实践活动中,员工的各种异常行为,工具、设备等物质的各种异常状态等大量的不良生产信息,均是导致事故发生的原因。企业管理人员通过安全信息的管理方式,获知不利安全生产的异常信息之后,通过采取安全教育、安全工程技术、安全管理手段等,改变人的异常行为,物的异常状态,使之达到安全生产的客观要求,这样安全信息就具有了间接控制事故的功能。

4.1.4 航空安全信息的处理

航空安全信息的处理流程如图 4-1 所示,包括信息收集、信息加工、信息储存和信息反馈阶段。本小节重点介绍信息收集、信息加工和信息反馈。

(1) 航空安全信息的收集

航空安全信息依据内部信息和外部信息的分类方式进行收集。内部安全信息包括事件信息、安全检查和综合管理信息,外部安全信息包括国内外航空安全组织的研究成果、出版物等。

事件信息是指在民用航空器运行阶段或者机场活动区内发生航空器损伤、人员伤亡或者其他影响飞行安全的情况,主要包括:民用航空器事故(以下简称事故)、民用航空器事故征候

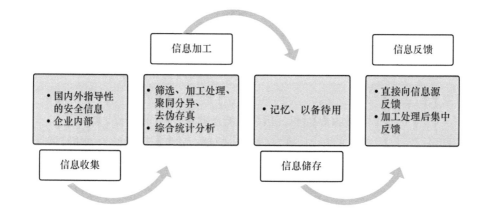

图 4-1 航空安全信息处理流程

(以下简称事故征候)以及民用航空器一般事件(以下简称一般事件)信息。事件信息的主要来源是事故调查报告和事故征候调查报告、强制报告系统、自愿报告系统和企事业单位内部自建的强制/自愿信息报告系统。

安全监察信息是指地区管理局和监管局各职能部门组织实施的监督检查和其他行政执法工作信息。安全监察信息主要包括航空安全举报信息、安全指令、安全通报、安全运行监察信息、飞行品质监控信息等。表 4-1 所列为航空安全信息的属性和来源。

表 4-1 航空安全信息的来源

信息属性		信息来源
内部安全信息	事件信息	① 事故调查/事故征候调查报告； ② 强制性报告系统； ③ 自愿性报告系统； ④ 企事业单位内部安全信息报告系统
	安全监察信息	① 航空安全举报信息； ② 安全指令和安全通报； ③ 安全运行监察信息； ④ 安全审计信息； ⑤ 飞行品质监控信息
	综合管理信息	① 管理文件及信息通告； ② 机构调整和人员变更信息的报告； ③ 安全生产信息； ④ 安全工作总结
外部安全信息		① 国外民航安全相关组织的研究成果； ② 航空运输安全管理机构的出版物； ③ 航空安全方面的学会、协会出版物； ④ 飞机制造商提供的相关资料； ⑤ 国外航空公司的运营信息； ⑥ 与民航安全有关的数据库

综合安全信息是指企事业单位安全管理和运行信息，包括企事业单位安全管理机构及其人员信息、飞行品质监控信息、安全隐患信息和飞行记录器信息等。综合安全信息主要来源于管理文件、信息通告、机构调整和人员变更信息的报告、安全生产信息、安全工作总结等。

（2）航空安全信息的加工

航空安全信息的加工是对收集的相关信息进行筛选和分析的过程，如：

① 利用事故统计，对事故的类别、等级、数量、频率、危害等进行综合分析，进而掌握事故的动向。

② 利用隐患统计，对隐患的数量、等级、整改率进行综合分析，进而发现隐患，掌握导致事故发生的因素，并将其整改使之消除。

③ 利用职工安全统计，对职工的结构、安全培训、违章人员、发生事故等情况进行综合统计分析，进而掌握职工的安全动态。

④ 利用安全天数管理，对过去连续安全生产天数等，进行定期累计，从中掌握企业的安全动态。

（3）航空安全信息的反馈

航空安全信息的反馈是向信息源或其他相关组织公布的处理安全信息处理结果的过程，是航空安全信息形成闭环管理的重要环节，具体包含以下几种反馈方式：

① 通过领导讲话、指示、要求和安全工作计划、安全技术措施计划、安全法规的贯彻执行，对安全信息进行集中反馈。

② 利用各种安全宣传教育形式，对安全信息进行间接反馈。

③ 利用各种管理图表，反映安全管理规律、安全工作进度和事故动态。

④ 发现人的异常行为、物的异常状态等生产异常信息时，当即提出处理意见，直接向信息源进行反馈。

⑤ 利用违章处理通知书和隐患整改通知书，对违章人员和发现的隐患提出处理意见，也是对安全信息的一种反馈。

4.1.5 航空安全信息管理的法规依据

为了规范民用航空安全信息收集、分析和应用，实现安全信息共享，推进安全管理体系建设，及时发现安全隐患，控制风险，预防民用航空事故，根据《中华人民共和国安全生产法》《中华人民共和国民用航空法》等国家法律、行政法规，制定《民用航空安全信息管理规定》（CCAR-396）。

《民用航空安全信息管理规定》于2005年3月7日发布，并分别于2007年、2010年、2016年、2021年、2022年进行了五次修订，现行有效的《民用航空安全信息管理规定》（CCAR-396-R4）在民用航空安全信息的收集、分析和应用，及时发现安全隐患，控制风险，预防民用航空事故方面发挥了重要作用。

4.2 强制报告系统

4.2.1 强制报告范围

根据国际民航公约附件13的要求,各国应建立事故/事故征候强制报告系统以促进收集有关实际或潜在安全缺陷的信息。为加强航空安全信息管理工作,我国建立了中国民航航空安全管理信息系统(Aviation Safety Management Information System,ASMIS),作为我国民航安全信息的强制性报告系统,强制报告的内容包括事故和征候。

在中国民航航空安全管理信息系统的实操中,主要收集事件信息。事件是指在民用航空器运行阶段或机场活动区内发生的航空器损伤、人员伤亡或其他影响安全的情况。事件按照等级划分为民用航空器事故、民用航空器征候以及民用航空器一般事件;事件按照报告划分为紧急事件(运输航空紧急事件和通用航空紧急事件)和非紧急事件(运输航空非紧急事件和通用航空非紧急事件)。

事件信息收集分为紧急事件和非紧急事件,实行分类管理。紧急事件报告样例和非紧急事件报告样例包含在事件样例中,事件样例由民航局另行制定。现行有效的事件样例是AC-396-08R2。

4.2.2 强制报告相关概念

(1) 事　故

根据《民用航空器事件调查规定》(CCAR-395-R2),事故指是指在民用航空器运行阶段或者在机场活动区内发生的与航空器有关的下列事件:

① 人员死亡或者重伤;
② 航空器严重损坏;
③ 航空器失踪或者处于无法接近的地方。

(2) 征　候

根据《民用航空器征候等级划分办法》(AC-395-AS-01),征候指在航空器运行阶段或在机场活动区内发生的与航空器有关的,未构成事故但影响或可能影响安全的事件,分为运输航空严重征候、运输航空一般征候、运输航空地面征候和通用航空征候。

① 运输航空严重征候,指大型飞机公共航空运输承运人执行公共航空运输任务的飞机,或者在我国境内执行公共航空运输任务的境外飞机,在运行阶段发生的具有很高事故发生可能性的征候。

② 运输航空一般征候,指大型飞机公共航空运输承运人执行公共航空运输任务的飞机,或者在我国境内执行公共航空运输任务的境外飞机,在运行阶段发生的未构成运输航空严重征候的征候。

③ 运输航空地面征候,指大型飞机公共航空运输承运人的飞机在机场活动区内,或者境外公共航空运输承运人的飞机在我国境内的机场活动区内,处于非运行阶段时发生的导致飞机受损的征候。

④ 通用航空征候,指除执行以下飞行任务以外的航空器,在运行阶段发生的征候:

a. 大型飞机公共航空运输承运人执行公共航空运输任务;

b. 境外公共航空运输承运人在我国境内执行公共航空运输任务。

征候的具体表现形式参见《民用航空器征候等级划分办法》(AC-395-AS-01)。

(3) 事发相关单位

事发相关单位是指与所发生事件有关的、能提供事件直接信息的航空器运营人(含分、子公司)和航空运行保障单位。

(4) 所属地

所属地是指民航企事业单位注册所在地。

4.2.3 事件信息报告

(1) 初始报告

事件信息的初始报告依据事件性质不同、发生地点不同、航司属性不同,报告流程也有所不同。

在我国境内发生的事件按照以下规定报告:

① 紧急事件发生后,事发相关单位应当立即通过电话向事发地监管局报告事件信息(空管单位向所属地监管局报告);监管局收到报告事件信息后,应当立即报告所属地区管理局;地区管理局在收到事件信息后,应当立即报告民航局民用航空安全信息主管部门。

② 紧急事件发生后,事发相关单位应当在事件发生后 12 h 内,按规范如实填报民用航空安全信息报告表,主报事发地监管局,抄报事发地地区管理局、所属地监管局及地区管理局。

③ 非紧急事件发生后,事发相关单位(外国航空公司除外)应当参照事件样例在事发后 48 h 内,按规范如实填报民用航空安全信息报告表,主报事发地监管局,抄报事发地地区管理局、所属地监管局及地区管理局。

在我国境外发生的事件按照以下规定报告:

① 紧急事件发生后,事发相关单位应当立即通过电话向所属地监管局报告事件信息;监管局收到报告事件信息后,应当立即报告给所属地区管理局;地区管理局收到事件信息后,应当立即报告民航局民用航空安全信息主管部门。

② 紧急事件发生后,事发相关单位应当在事件发生后 24 小时内,按规范如实填报民用航空安全信息报告表,主报所属地监管局,抄报所属地区管理局;

③ 非紧急事件发生后,事发相关单位应当在事发后 48 小时内,按规范如实填报民用航空安全信息报告表,主报所属地监管局,抄报所属地区管理局。

事件信息初始报告应当包含以下基本内容:

① 事件发生时间、地点和航空器运营人;

② 航空器类别、型号、国籍和注册号;

③ 航空器执行的任务性质、航段及所处飞行阶段;

④ 人员伤亡和航空器损坏情况;

⑤ 事件事实经过;

⑥ 与事件有关的其他信息。

(2) 后续报告

1) 定　性

负责组织调查的地区管理局和监管局应当及时对事件信息进行审核,完成事件初步定性工作;各监管局在收到事件初报信息后,应于 24 小时内在民航安全信息网上初步选定事件等级,对于无法在 24 小时内确定等级的事件,将事件等级选为"未定"。

2) 调　查

对初步定性为事故的事件,负责组织调查的单位应当提交阶段性调查信息,说明事件调查进展情况,并应当在事件发生后 12 个月内上报事件的最终调查信息,申请结束此次事件报告。

对初步定性为严重事故征候的事件,负责组织调查的地区管理局应当在事件发生后 30 日内上报事件的最终调查信息,申请结束此次事件报告。

对初步定性为一般事故征候的事件,负责组织调查的地区管理局应当在事件发生后 15 日内上报事件的最终调查信息,申请结束此次事件报告。

当事件初步定性为一般事件,事发相关单位应当在事件发生后 10 日内上报事件的最终调查信息,负责组织调查的地区管理局应当在事件发生后 15 日内完成最终调查信息的审核,并申请结束此次事件报告。

如果在规定期限内不能完成初步定性或不能按规定时限提交最终调查信息,负责调查的单位应当向民航局民用航空安全信息主管部门申请延期报告,并按要求尽快上报事件的最终调查信息,申请结束此次事件报告。

3) 通　报

当事件定性为事故或严重事故征候时,民航局民用航空安全信息主管部门通知登记国、运营人所在国、设计国、制造国和国际民航组织,内容包括事发时间和地点、运营人、航空器型别、国籍登记号、飞行过程、机组和旅客信息、人员伤亡情况、航空器受损情况和危险品载运情况等。

事故调查结束后,民航局民用航空安全信息主管部门向国际民航组织送交一份事故调查最终报告副本。

事故发生后 30 日内,民航局民用航空安全信息主管部门向国际民航组织提交初步报告;事故调查结束后,民航局民用航空安全信息主管部门尽早将事故资料报告提交国际民航组织。

(3) 报告方法

民用航空安全信息报告表应当使用中国民用航空安全信息系统上报。当该系统不可用时,可以使用传真等方式上报;当系统恢复后 3 日内,应当使用该系统补报。

事件信息报告流程详见图 4-2。

4.2.4　外航安全信息报告

持有 CCAR-129 运行规范的外国航空公司在中国境内的事件报告按照咨询通告《外航不安全事件信息报告程序》(AC-396-2010-04)执行。

(1) 通　知

外航在中国境内发生不安全事件后,获得事件信息的单位应立即通知事发地监管局航空安全办公室;事发地监管局航空安全办公室收到通知后,应立即通知事发地地区管理局航空安

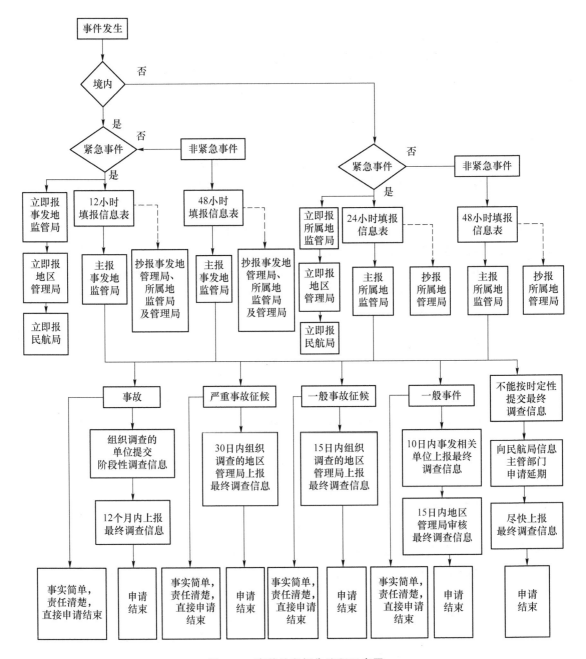

图 4-2 事件信息报告流程示意图

全办公室;事发地地区管理局航空安全办公室收到通知后,立即通知事发地地区管理局外航运行监管处或外航审定和监管处(以下简称外航处),并根据需要组织调查,事发地地区管理局外航处给予协助。

如果发生不安全事件的外航所持有的 CCAR-129 运行规范为其他地区管理局所颁发,事发地地区管理局外航处应当通知颁发运行规范的地区管理局外航处(以下简称主管外航处)。

如果外航发生的不安全事件构成事故或严重事故征候,事发地地区管理局航空安全办公室还应立即通知民航局航空安全办公室。

(2) 初始报告

外航在中国境内发生不安全事件后,获得事件信息的单位应在事发后 12 小时(事故、严重事故征候)/24 小时(一般事故征候、其他不安全事件)内向事发地监管局填报"民用航空安全信息初始报告表"。事发地监管局航空安全办公室应立即(事故、严重事故征候)/及时(一般事故征候、其他不安全事件)将审核后的初始报告表上报事发地地区管理局。事发地地区管理局航空安全办公室在事发后 24 小时(事故、严重事故征候)/48 小时(一般事故征候、其他不安全事件)内将审核后的初始报告表报民航局航空安全办公室。民航局航空安全办公室收到初始报告表后,及时归档、公布。

(3) 最终报告

负责调查的地区管理局航空安全办公室,在事件调查结束后,向民航局航空安全办公室填报最终报告表,并附调查报告;民航局航空安全办公室归档、公布最终报告表。

(4) 报告方法

初始报告表和最终报告表应利用民航安全信息系统填报,当该系统不可用时,可采用其他方式上报,并在系统恢复后,使用系统进行补报。

4.2.5 强制报告系统实操

(1) 登录管理

强制报告系统要求具备"中国民用航空安全信息系统"有效权限的用户方可登录。登录网址为 https://safety.caac.gov.cn,登录界面如图 4-3 所示。

图 4-3 强制报告系统登录界面

(2) 事件报告管理

用户通过此功能,对发生的民用航空安全信息进行报告、续报、退回、跟踪、公布、查询、统计等操作。填报操作主要包括"基本信息""航空器、车辆、地面设施信息及飞行性质""事件后果""事件性质"等部分。

1) 基本信息

系统默认登录用户所在单位和填报人姓名,不能修改;其他信息如实填写。基本信息的填报界面,如图 4-4 所示。

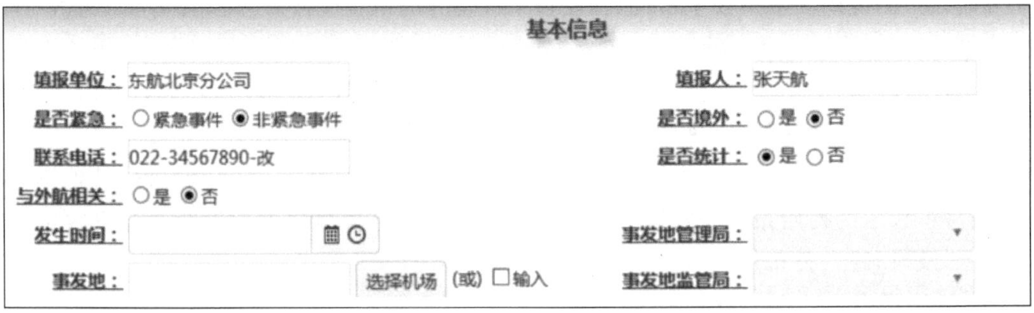

图 4-4　基本信息填报界面

2) 航空器、车辆、地面设施信息及飞行性质

若涉及 1 架航空器,系统真报界面如图 4-5 所示;若涉及多架航空器,系统填报界面如图 4-6 所示;

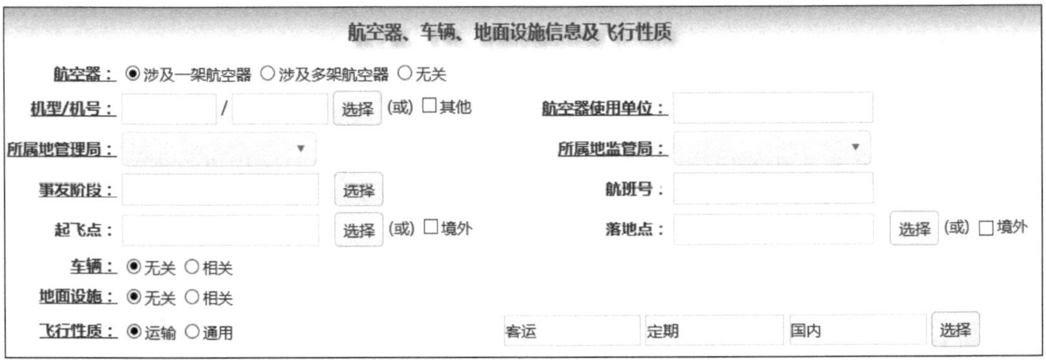

图 4-5　涉及单架航空器的系统填报界面

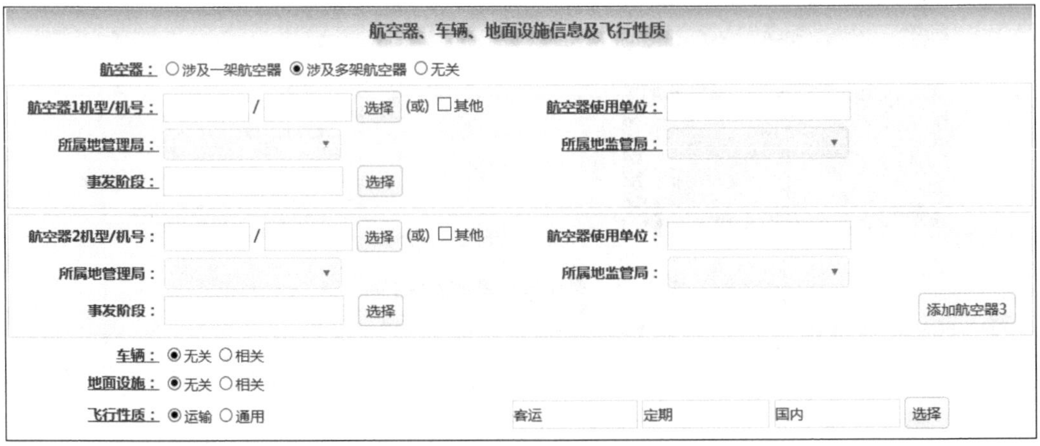

图 4-6　涉及多架航空器的系统填报界面

事发阶段选择界面如图4-7(a)所示,其中,图4-7(b)是运输飞行填报界面,图4-7(c)是通用飞行填报界面。

(a) 事发阶段选择界面

(b) 运输飞行填报界面

(c) 通用飞行填报界面

图4-7 系统填报界面

3) 事件后果

事件后果包括航空器损坏程度、损坏数量,造成的直接经济损失以及人员伤亡情况,界面如图4-8所示。

4) 事件性质

事件性质包含事件等级、事件类型、事件原因、责任单位等内容。事件等级由监管局或管理局定性并录入,企业无须填报此项,事件性质填报界面如图4-9所示。

图4-8 事件后果填报界面

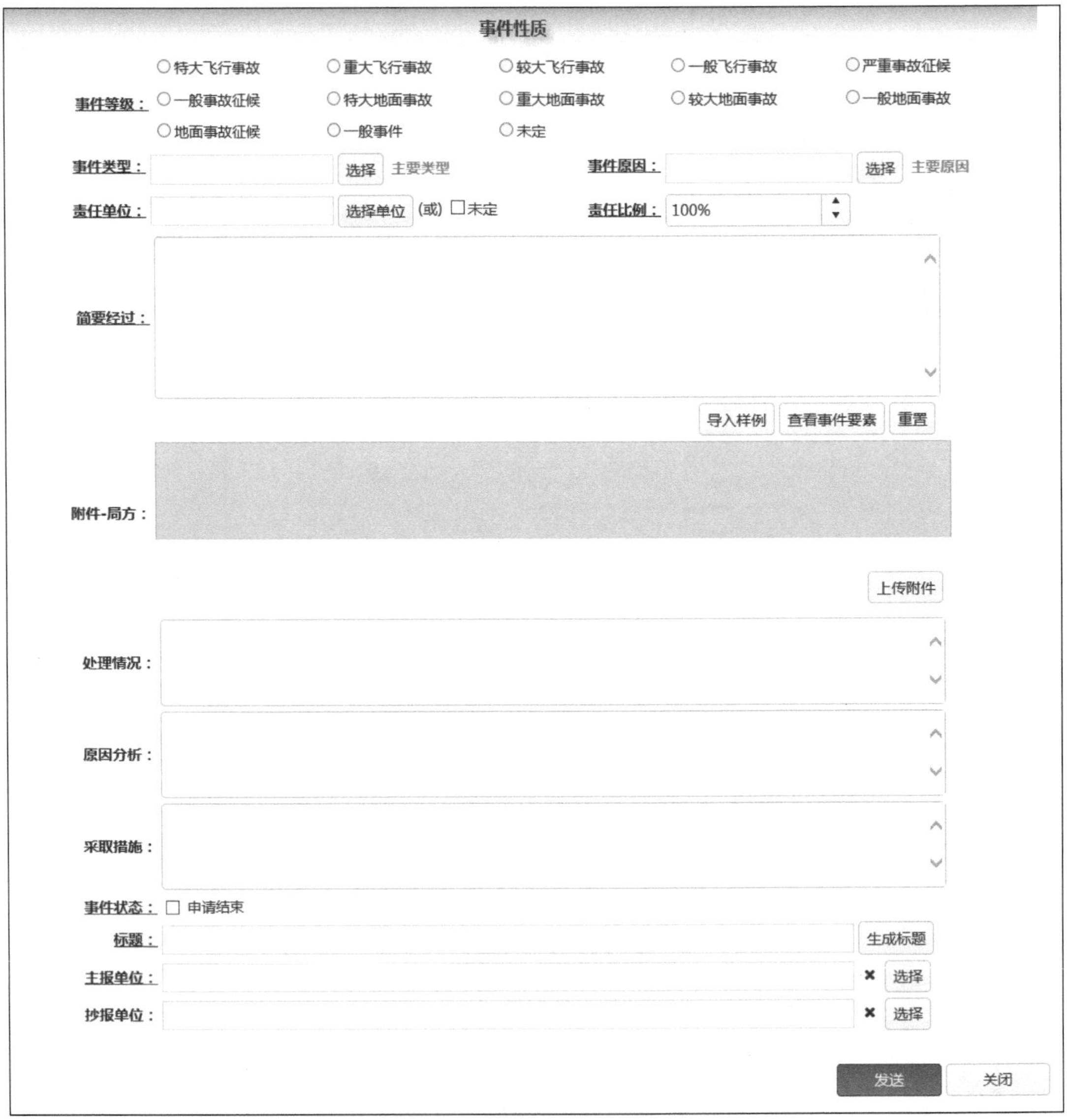

图4-9 事件性质填报界面

事件类型、事件原因、责任单位、简要经过等内容均可在模板中进行选择填报。系统可自动生成标题且必须修改，"标题"和"简要经过"的填报规范依据《民航不安全事件信息填报规范》（AC-396-AS-2009-03）。

4.3 自愿报告系统

4.3.1 自愿报告系统的意义

航空安全自愿报告系统(Sino Confidential Aviation Safety Reporting System,SCASS),以下简称 SCASS。为提高民用航空系统的安全性,减少飞行事故和事故征候的发生,应当尽可能快速、准确地发现并改正系统存在的缺陷。已发生的不安全事件恰好暴露了系统内部缺陷,因此收集已发生的不安全事件信息并对其进行研究就具有重要的意义。然而,小的差错或不安全事件具有隐蔽、动态的特征,如果当事人不报告,其他人就很难发现。由于多数人出于害怕处罚或者丢面子等原因,不愿暴露自己的失误或错误,因此失去了完善系统的机会。

"信息就是资源"。安全信息在保障航空安全中具有举足轻重的地位,现行的航空安全信息报告体系并不能满足隐患信息收集和处理的要求,为增加信息获取量和增强信息可信度,迫切需要研究和开发新型的航空安全信息系统。保密的航空安全自愿报告系统是针对该问题的一个有效解决方案。

保密的航空安全自愿报告系统收集大量来自飞行员、管制员和维修人员等一线人员的有关报告,发现现行民用航空运行系统的缺陷或漏洞,并可作为人为因素研究的第一手资料,完善民用航空系统,保证其安全运行。人为因素一直是航空事故的主要原因,改善人为因素已成为降低航空事故率、提高航空安全水平的主要途径。保密的航空安全自愿报告系统的建立,为广大航空从业人员创造一条方便快捷地报告不安全事件的渠道,对促进航空安全发挥重要作用。

建立保密的航空安全自愿报告系统已成为国际航空界的共识,ICAO 附件 13(2001 年 7 月第九版)建议建立航空安全自愿报告系统。为改善我国民航安全水平,多渠道收集真实的航空安全信息,建立中国民航保密性航空安全自愿报告系统(SCASS)已成为一项紧迫的任务。

2004 年 9 月 16 日中国民航正式启动航空安全自愿报告系统,旨在利用该系统最大限度地收集安全信息,及时发现航空系统运行的安全隐患和薄弱环节,分析行业安全的整体趋势和动态,为航空安全管理提供决策支持。建立 SCASS 的主要目的包括:

① 通过数据分析研究,及时发现事故隐患或危险状况,防止严重的不安全事件或航空事故发生;

② 找出国家航空安全系统存在的不足,提高目前国家航空系统的安全水平;

③ 为政府安全管理部门和研究单位分析安全形势提供更为充分的信息,使分析更准确;

④ 为国家航空系统的规划与改进,特别是"人为因素"的研究提供数据和资料;

⑤ 传播安全信息,分享经验教训;

⑥ 促进民航安全文化建设,营造"人人讲安全,人人为安全"的民航安全文化氛围。

SCASS 的工作目标是消除民航系统的安全隐患和缺陷,建立良好的安全文化氛围,提高我国民航运输业的安全水平。

4.3.2 自愿报告系统的原则

SCASS 系统运行的基本原则是自愿性、保密性和非处罚性。

① 自愿性:提交给 SCASS 的报告完全是报告人的自愿行为,自愿性是信息可靠性的保证。

② 保密性:SCASS 承诺对报告中涉及的个人识别信息保密。实施保密性原则的目的是避免对报告人以及报告涉及的组织或个人造成不利的影响,最大限度地消除报告人害怕处罚、丢面子、影响提职、影响评奖以及怕影响集体荣誉的心理。SCASS 通过严密的工作程序实现保密的目的。SCASS 收到报告后,将个人信息返回或销毁,删除报告中各种个人识别信息后交专家分析处理,报告处理完毕将销毁原文字报告,去除识别信息的报告和专家分析报告存入数据库。识别信息包括报告者姓名、日期、地点、涉及人员、涉及单位等可能识别出所涉及人员的身份和单位的信息,SCASS 以不损害报告人、其他相关人员和单位的声誉和利益为运行原则。如果信息数量和质量与保密性发生矛盾,应当服从保密性。

③ 非处罚性:SCASS 不具有任何处罚权。系统受理的报告内容既不作为对报告人违章处罚的依据,也不作为对其他所涉及人员和涉及单位处罚的依据。由于 SCASS 所存储的数据不包括任何个人与单位的识别信息,因此其受理的报告不可能作为诉讼、行政处罚以及检查评估的材料。

4.3.3 自愿报告系统的受理范围

SCASS 是收集航空安全信息的多种渠道之一,其接收的报告有一定的限制。SCASS 主要收集航空系统的缺陷和隐患的报告,没有造成严重后果或无明显后果、不易被发现的事件或违章行为的报告。收集的安全信息是事故金字塔底边对应的日常运行中大量的不安全事件和隐患。图 4-10 所示是自愿报告事件范围。

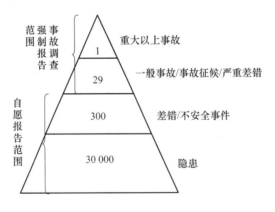

图 4-10 自愿报告事件范围

SCASS 报告的具体内容为:

① 涉及航空器不良的运行环境、设备设施缺陷的报告;

② 由于不经心或无意造成违章事件、人为因素事件的报告;

③ 涉及执行标准、飞行程序的困难事件报告;

④ 影响航空安全的不包括⑤中的其他事件或环境报告;

⑤ SCASS 不受理涉及事故、事故征候、严重差错以及犯罪的事件报告;

⑥ SCASS 原则上不受理匿名报告。如果匿名报告的内容符合要求,报告被受理,单独统计。

对于不符合以上规定的报告,但涉及事故、事故征候、严重差错或犯罪的紧急事件,SCASS 将报告内容转交给相关的部门(中国民航局或公安机关等)。对于不符合以上规定的报告,如不涉及紧急事件,SCASS 将报告返还给报告人;无法返还的报告须销毁。

4.3.4 自愿报告系统的组织结构

民航局委托中国民航大学安全科学研究所作为主持单位开展工作。SCASS 是中立的机构,与民航局没有直接的从属关系。SCASS 与中国民航局和企事业单位的关系见图 4-11。

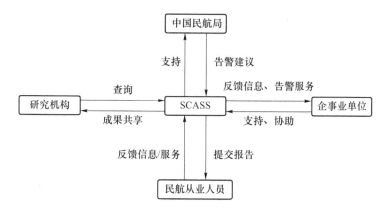

图 4-11 SCASS 与业界关系图

SCASS 由指导委员会、专家工作组和执行工作组组成。

① 指导委员会:设在民航局安全委员会办公室,其任务是指导系统工作、监督系统运行、评估系统的作用、筹集系统运行费用。

② 专家工作组:负责提供技术咨询服务,深入分析报告,提出改进建议等。专家工作组由具有经验的民航资深专业人员组成,其根据系统运行实际情况进行调整。专家工作组由专职和兼职人员组成,专职人员 1~3 人,兼职人员 10~20 人,由召集人负责,具体人数根据信息量动态调整。

③ 执行工作组:负责报告的接收、处理工作,包括审查报告、初步分析、信息反馈、制作信息刊物等工作。执行工作组由 2~3 人组成,由工作组组长负责。

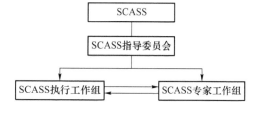

图 4-12 SCASS 组织机构图

SCASS 各工作组间的关系见图 4-12。

4.3.5 自愿报告系统的运行程序

SCASS 收到的报告信息经过执行工作组专人按严格的信息处理程序进行处理。该信息处理程序的主要步骤如下:

① 接收到固定格式(信件、传真、电子邮件、网络在线)的报告,报告表格根据不同的业务

范围设计,有飞行、空管、机务、乘务、机场和空防安全 6 种表格;

② 执行工作组的安全分析员判读报告,并进行预处理,确定是否涉及安全问题、是否符合系统的要求;

③ 核查报告内容,如需要可电话询问报告人;

④ 对报告进行编码,消除报告人以及其他人员的识别信息;

⑤ 专家工作组分析报告,提出改进建议。如有必要,可以向主管部门或有关企业发布告警信息;

⑥ 去掉涉及单位的识别信息;

⑦ 将报告信息、专家分析结果录入数据库;

⑧ 销毁原报告;

⑨ 信息共享与发布,免费发放 SCASS 信息刊物。

报告处理流程详见图 4-13。

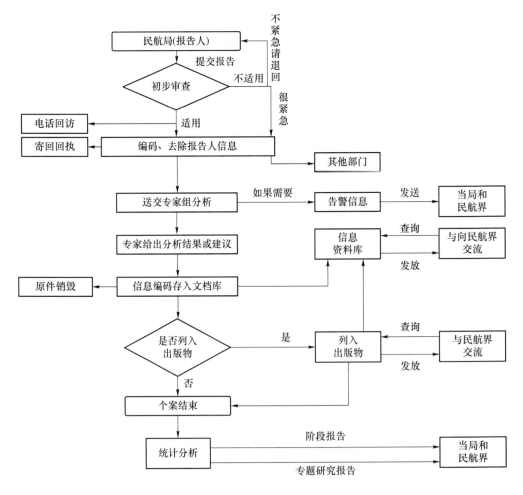

图 4-13 报告处理流程图

4.3.6 信息共享和研究成果的传播

自愿报告系统实施数据分析和信息共享,给航空人员营造一个交流安全信息的平台。网站和数据库是 SCASS 的主要部分。建立 SCASS 网站可广泛传播自愿报告系统的理念和运行原则,分享事件分析报告和改进建议,提供安全事件数据库查询与咨询,促进安全信息的交流与共享,改善民航安全;建立数据库可存储去掉个人识别信息后的报告和分析结果等信息,实现数据的查询、统计和分析。另外,信息共享与研究结果传播的方式还包括:

① 系统定期发布安全信息:包括告警通告、研究报告和安全事件公告。

② 告警通告:当 SCASS 收到描述危险状况的报告时,例如助航失效或缺陷、飞行程序不当或是其他可能危及飞行安全的环境或状况,SCASS 会向民航主管部门或有关企事业单位发布告警信息,由他们判断并采取对策;对一些性质严重的问题,通过电话等方式直接与政府主管部门进行对话。

③ 研究报告:SCASS 的研究人员对事件进行研究,定期和不定期发布研究报告,定期向民航局提交研究报告。

④ 安全事件公告:将报告者的典型经验、教训等整理后加上注解和编者对事例的评析,以及一些研究工作的总结以及相关业内人士(如飞行员、管制员、乘务员、维修人员和管理人员等)共享,开辟 SCASS 与航空工业界之间的交流与沟通渠道。

4.4 民用航空安全信息保护

1. 安全信息保护

2021 年 10 月 1 日民航局发布了《民用航空安全信息保护管理办法》(以下简称《办法》),自 2021 年 10 月 1 日起施行。原《关于印发〈民用航空器不安全事件调查信息保护管理办法〉的通知》(民航发〔2019〕68 号)同时废止。

本办法适用于中国民用航空局、中国民用航空地区管理局、在中华人民共和国境内注册的民用航空企事业单位及其从业人员的民用航空安全信息保护管理。

《办法》中所称民用航空安全信息(以下简称安全信息)是指在民用航空活动中产生的与安全相关的信息。

安全信息保护是指规范收集、传递和使用安全信息,避免出现不当披露或公开的情况。

2. 安全信息等级分类

《办法》指出,安全信息根据信息重要程度分为:

① 涉密级安全信息(以下简称涉密安全信息);

② 敏感级安全信息(以下简称敏感安全信息);

③ 一般级安全信息(以下简称一般安全信息)。

(1) 涉密安全信息

涉密安全信息,其密级具体范围依据《民航工作国家秘密范围的规定》中相关要求执行。

（2）敏感安全信息

敏感安全信息是指不属于涉密安全信息，但在特定时间内泄露会影响安全工作正常开展或引起媒体和社会误读的安全信息。

（3）一般安全信息

一般安全信息是指除涉密安全信息和敏感安全信息以外的其他安全信息。

3. 敏感安全信息保护

需要特别注意的是，《办法》中被确定为敏感安全信息的 10 类信息，未经所在单位批准，任何个人不得对外发布，包括但不限于通过微信群、朋友圈、微博、贴吧、抖音、快手等网络平台对外发布。

下列信息应当被确定为敏感安全信息：

① 涉及航空器损伤的图片、视频信息。

② 涉及人员伤亡、医疗及个人隐私的文字、图片、音频、视频信息。

③ 机场跑道、滑行道、机坪以及其他设施设备损坏的图片、视频信息。

④ 陆空通话记录的文字、音频信息。

⑤ 人员访谈记录相关的文字、音频、视频信息。

⑥ 航空器驾驶舱舱音的文字、音频信息和驾驶舱图像视频信息。

⑦ 航空器快速存取记录器（QAR）、飞行数据记录器（FDR）数据的文字信息及其仿真视频信息。

⑧ 事件调查过程中获取的音频、视频信息。

⑨ 事件调查初步报告、调查续报和未发布的最终调查报告。

⑩ 未公布的事件调查处理意见。

敏感安全信息应当遵守以下工作要求：

① 文件资料标注"此件不公开"字样或者采取等效措施。

② 按照程序报送并在指定的范围内分发。

③ 未经所在单位批准，任何个人不得对外发布，包括但不限于通过微信群、朋友圈、微博、贴吧、抖音、快手等网络平台对外发布。

以上要求意味着以后涉及上述十条敏感安全信息的内容不能乱发。

第5章 安全风险分析与评估

5.1 安全风险分析

5.1.1 安全风险分析的内容

安全风险分析在安全系统工程中占有重要地位,是安全管理体系的核心内容之一,也是保证系统安全的必经之路。

要提高系统的安全性,使其不发生或少发生事故,前提条件就是预先发现系统可能存在的危险因素,全面掌握其基本特点,明确其对系统安全性影响的程度。只有这样,才有可能抓住系统可能存在的主要危险,并采取有效的安全防护措施,改善系统安全状况。这里所强调的"预先"是指无论系统生命过程处于哪个阶段,都要在该阶段开始之前进行系统的安全风险分析,发现并掌握系统的维修因素,这是系统安全风险分析要解决的主要问题。

安全风险分析,即对系统的安全性进行定性和定量的分析。只有准确分析,才能对生产的安全性做出正确的评估。系统分析的目的是查明危害,以便整个系统在使用周期内根除或控制危害,要注意系统分析的目的,不仅是分析事故的原因,重要的是根据分析结果拟订有效的预防措施。一般来讲,系统分析包括以下内容:

① 调查和评价可能出现的原始的、诱发的和起作用的危害之间的相互关系。
② 调查和评价与系统安全相关的环境条件、设备、人员及其他因素。
③ 调查和评价通过利用适当的设备、工艺或材料来避免和根除某种特殊危害的措施的有效性。
④ 调查和评价对无法避免或根除的危害失去或减少控制后可能出现的后果。
⑤ 调查和评价对可能产生的危害及其控制措施,以及如何将这些措施体现到系统中的最好方法。
⑥ 调查和评价一旦失去危害控制以后为防止伤害和损伤采取的安全防护措施。

进行安全风险分析的一般程序详见图5-1。

5.1.2 安全风险分析的方法

安全风险分析即通过对系统的全面分析,找出系统存在的危险性,估计事故发生的概率及其对人员产生伤害或造成设备损失的严重程度,从而为合理地采取防范措施提供依据。要较好地完成某一系统的安全性分析,可以采用多种安全风险分析等相结合的模式,同时要与实际情况相联系,总结同类型系统的事故规律,经分析、比较后,得出最全面的安全风险分析结论。安全风险分析方法主要有安全检查表(Safety Check List,SCL)、预先危险性分析(Preliminary Hazard Analysis,PHA)、故障类型和影响分析(Failure Mode Effects Analysis,FMEA)、故障树分析(Events Tree Analysis,ETA)、事件树分析(Fault Tree Analysis,FTA)等方法。

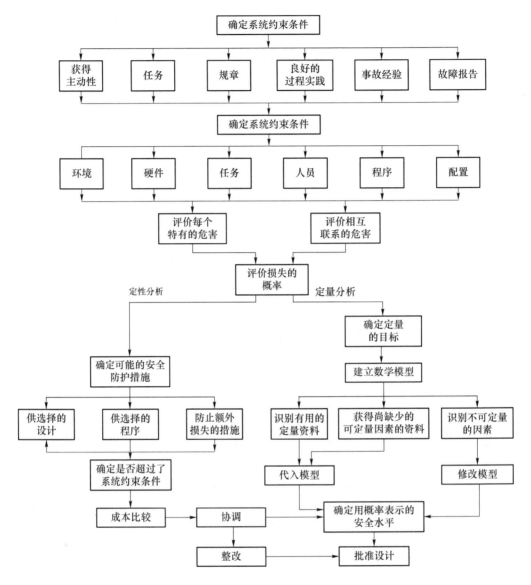

图 5-1 安全风险分析的一般程序

1. 安全检查表法

安全检查表法是先确定检查对象,然后进行剖析,将系统分割成小系统,结合同类型系统曾发生过的事故,进行详细的研究,查出不安全因素,进而确定检查项目,再以提问的方式,将检查项目按系统或子系统顺序编制成表。安全检查表法的应用对象为人、机、环境、管理及操作,可以是年度安全大检查、月份安全检查等。安全检查表法具有系统、规范、清晰、直接、实用性强、易于推广等特点。如果将安全检查表分项评分的话,可以简单加权为安全评价的定量分析。

2. 预先危险性分析法

在工程活动之前,包括设计、施工和生产之前,对系统存在的危险类别、危险出现条件、危险导致后果等进行概略分析。预测危险性的目的是防止不安全的技术路线或使用具有危险性的物质、工艺和设备。预先危险性分析的基本步骤包括:调查、确定危险源,识别危险转化条件,进行危险分级,制定危险预防措施。

3. 故障类型及影响分析法

故障类型及影响分析法既可用于定性分析,也可用于定量分析,其基本步骤包括:明确系统的组成和任务,确定分析程度和水平,详细说明分析系统的情况,列出所有故障类型并选出对系统有影响的故障类型。故障类型及影响分析法的原理就是根据实际需要,采用系统分割的概念,把系统分割成子系统或进一步分割成元件,明确地表示局部故障对系统的影响,进而分析各个子系统以及整个系统的影响,并采取安全措施。

4. 故障树分析法

1961年美国贝尔公司首先将故障树分析法用于导弹的控制系统设计上,用来预测导弹发射失效的概率。它是以一种不希望发生的事件为最后状态,然后使用系统分析的方法寻找造成这一状态的一系列故障。故障树分析在多数场合是定性分析,但在某些重要场合也可以进行定量分析。所谓定量分析就是计算出顶事件(指被分析系统中不希望发生的事件,它置于故障树的顶上端)发生的概率,从结果到原因描绘事故发生的有向逻辑树,进而分析系统的事故原因和评价事故风险。

5. 事件树分析法

事件树分析是从一个初始事件开始,经过不断发展,一直到得到结果的全部分析过程。FTA是从顶事件开始用逻辑推导逐步得出基本原因事件的过程,是从顶部到底部分析;而ETA则是从底部事件开始,经过各个阶段,看看能得到哪些结果。这两种分析方法结合使用,就可以把一些严重事故的动态发展过程全部揭示出来。

要对系统进行安全评估,首先要依赖安全风险分析技术。通常安全风险分析技术可分为定性分析、定量分析和半定量分析三种类型。定性分析能够找出系统的危险性,估计出危险的程度;定量分析可以计算出事故发生的概率和损失率。

上述安全风险分析方法的使用范围和优缺点如表5-1所列。

表5-1 常用安全风险分析方法对比

分析方法	目的	优点	缺点	适用范围	效果
安全检查表法	检查系统是否符合标准要求	简单明了,易于理解和使用;能事先编制,具有系统完整性	只能定性分析;受编制人员知识水平和经验影响	工程项目的设计、机械设备制造、各种设备设施的运行与使用等方面	定性分析,辨识危险性并使系统保持与标准规定一致,若检查项目赋值,可用于定量分析
预先危险性分析法	开发阶段,早期辨识出危险性,避免失误	分析工作在行动之前,能避免不必要的损失;能为项目提供注意事项和指导方针	属于定性方法,分析结果受人的影响较大	该方法一般在项目发展初期使用	得出供设计考虑的危险性一览表

续表 5-1

分析方法	目的	优点	缺点	适用范围	效果
故障类型及影响分析法	辨识单个故障模式造成的事故后果	易掌握,针对性、实用性强;对设施设备分析能力强	需要专业人员进行分析,因而对人员要求较高	主要用于项目或产品设计阶段	定性分析并可进一步定量分析,找出故障模式对系统的影响
故障树法	事故原因事故概率	因果关系清晰;可确定各事件对事故发生的影响程度;可进行定性和定量分析	对复杂系统,编制故障树步骤较多,计算复杂,定性和定量分析困难	在技术系统的设计中分析潜在的人为差错	熟练掌握方法和事故、基本事件间的联系,有事件概率数据
事件树法	辨识初始事件发展成为事故的各过程及后果	因果关系清晰;可以看出系统变化的过程;可进行定性和定量分析;可为故障树确定顶事件提供依据	结果可能过于庞大;要确定每个事件的概率;基于理想状态考虑	各类局部工艺过程、生产设备、装置事故分析	熟悉系统、元素间的因果关系,有各事件发生概率数据
危险及可操作性分析法	辨识单个故障模式造成的后果	能探明设备及过程存在的危险,并分析危险对系统的影响	只能定性分析,不能定量分析;分析结果受人员知识和经验的影响	该方法可用于系统生命周期的各个阶段	定性分析,能发现新的危险性
因果分析图法(鱼刺图)	找出事故原因表明因果关系	因果关系清晰;能查明和确认主要原因;表述形象简单	需要多人集思广益;只能定性分析不能定量分析	主要用于安全质量管理方面	定性分析,能查明和确认主要原因

5.1.3 安全风险分析方法的选择

在选择安全风险分析方法时应根据实际情况,考虑如下四方面:分析的目的、资料的影响、系统的特点、系统的危险性。

1. 分析目的

安全风险分析的最终目的是辨识和控制系统中存在的危险源,而在实际工作中,主要考虑要达到的具体目的。

① 查明系统中所有的危险源,并列出清单;
② 掌握危险源可能导致的事故及事故的可能后果;
③ 掌握潜在的事故隐患,并列出清单;
④ 列出降低危险性的措施和需要深入研究的部位清单;
⑤ 将所有危险源按危险大小排序;

⑥ 为定量的危险性评价提供数据。

2. 资料的影响

资料收集的多少、详细程度、内容新旧等,都对影响安全风险分析方法的选择。

一般来说,资料获取与被分析的系统所处的阶段有直接关系。例如,在方案设计阶段,采用危险及可操作性分析或故障类型和影响分析方法就难以获取较详细的资料。

3. 系统的特点

根据被系统的复杂程度和规模、工艺类型、工艺过程中的操作类型等影响来选择安全风险分析方法。

对于复杂和规模大的系统,由于需要的工作量和时间较多,应先用较简便的方法进行筛选,然后根据分析的详细程度选择相应的分析方法。

对于某些工艺过程或系统,应选择恰当的安全风险分析方法。

4. 系统的危险性

当系统的危险性较高时,通常采用系统的方法进行分析,如危险及可操作性分析、故障类型及影响分析、事件树分析、事故树分析等方法。当危险性较低时,一般采用安全检查表法等。

比较适合航空维修安全的详细分析方法是以事故树分析为代表的安全性和可靠性的分析方法,包括 FTA,ETA,FMEA 等。这些方法具体地分析和查明系统会产生什么故障和事故,受哪些因素的影响以及这些影响因素之间的相互关系。如果需要对系统进行精确评价,则可选用定性分析方法,如用预先危险性分析法、安全检查表法等,得出定性的概念,然后根据危险性大小,再进行详细的分析。如果需要对系统精确评价,则可选用定量分析方法,如事故树分析法、事件树分析法、因果分析图法、预先危险性分析法等。如果分析对象是硬件(如设备等),可选用故障类型及影响分析法、危险及可操作性分析法。如果对新装备或限定的目标进行分析,可选用静态分析法。如果对维修状态和过程进行分析,则可选用动态分析法。

安全风险分析有多种形式和方法,使用中应注意以下几方面:

① 根据系统的特点、分析的目标和要求,采取不同的分析方法。每种分析方法都有其自身的特点和局限性,并非处处适用,有时要综合应用多种方法,取长补短或相互比较来验证分析结果的正确性。

② 安全分析时,使用单一方法往往不能得到满意的结果,需要用其他方法弥补其不足。

③ 使用现有分析方法不能生搬硬套,必要时要根据实用、好用的原则对其进行改造或简化。

④ 不能局限于分析方法的应用,应从系统原理出发,开发新方法,开辟新途径,还要在以往行之有效的一般分析方法的基础上总结提高,形成系统性的安全风险分析方法。

5.2 安全风险评估

任何生产系统,在其寿命周期内都有发生事故的可能,区别只是事故发生的频率和可能发生的严重程度的不同而已。在一定条件下,如果危险失控或防范不周,就会发生事故,造成人员伤亡和财产损失以及环境污染。为了遏制危险性,使其不发展成为事故,或减少事故造成的损失,必须对危险性有充分的认识,并掌握其发展成为事故的规律。要充分揭示系统存在的所有危险性及其形成事故的可能性和事故发生后导致损失的大小,从而衡量系统客观存在的风险大小,并确定是否需要改进技术线路和防范措施,如变更后危险性将得到怎样的遏制和消除,技术上是否可行,经济上是否合理,以及系统是否最终达到了社会所公认的安全指标等。

安全风险评估往往要以系统安全分析为基础,通过分析、了解和掌握系统的风险事故大小,以此与预定的系统安全指标相比较,如果超出指标,则应对系统的主要危险因素采取控制措施,使其降至该标准以下,这也是安全风险评估的任务。评估方法也有多种,应考虑评估对象特点、规模,考虑评估的要求和目的,进而采用不同方法。在使用过程中也应与安全风险分析的使用要求一样,坚持实用和理论研究,开发实用性很强的评估方法,特别是企业安全评估技术和重大危险源的评估、控制技术。

5.2.1 安全风险评估的内容

安全风险评估就是对评估系统的整体安全程度进行评估,以此来确定人类是否认可该系统的安全水平,并为系统的进一步改进提供信息支撑。理想的安全风险评估包括危险性辨识和危险性评估两个部分,见图5-2。危险性辨识是指利用安全系统工程的理论和方法,分析系统及其各要素所固有的安全隐患,揭示系统的各种危险性,以及在一定条件下会转化生成的危险,从而为评估提供数据依据。危险性评估是指根据危险性辨别的结果,采取各种措施降低或消除危险,并同既定的安全指标或目标相比较,判断所具有的安全水平,直到达到社会所认可的安全水平或规定的安全水平为止。

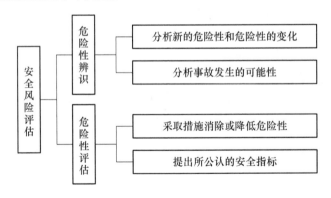

图5-2 安全风险评估的组成

1. 安全风险评估特点

① 评估的结果是对系统运行过程安全状态的反映。
② 评估的目的是正确探明系统的安全状态水平。
③ 评估中含有人的认识能力与接收能力。
④ 评估考虑到系统本身的影响与外界影响。

2. 安全风险评估程序

安全风险评估的一般程序如图5-3所示,主要包括以下几个步骤:

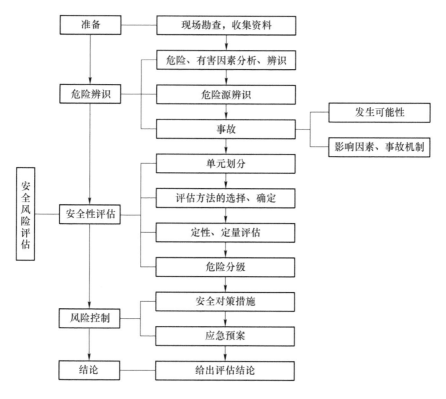

图 5-3 安全风险评估的一般程序

① 准备阶段。明确被评价对象和范围,收集国内外相关法律法规、技术标准及工程、系统技术资料。了解同类装备事故情况,评价对象的地理、气象条件及社会环境状况等。

② 危险、危害因素识别与分析。根据被评价的维修过程、装备系统情况,识别和分析危险、有害因素,确定危险、有害因素存在的部位、存在的方式,以及确定事故发生的原因和机制。

③ 选择评估方法进行评估。在危险、危害因素识别和分析的基础上,划分评估单元,并根据评估目的和评估对象的复杂程度,选择合理的评估方法,对民用航空各个部门发生事故的可能性和严重性进行定性、定量评估。在此基础上进行危险性分级,以确定管理的重点。安全风险评估要尽可能把各种危险、有害因素的危险及有害范围、程度都表达出来。评估中的模型选择也十分重要,只有建立科学的数学模型才可以较好地模拟实际工程中可能遇到的真实情况。

④ 提出降低或控制风险的安全对策措施。根据评估和分析结果,高于标准值的风险要采取工程技术或组织管理措施,降低或控制风险。低于标准值的分析属于可接受或允许的风险,应建立监测系统,防止维修作业条件变化导致风信子增加。对不可排除的风险要采取防范措施,为编制应急预案提供参考资料。

⑤ 形成安全风险评估结论。安全风险评估的结论是对评估工作的总结,应简要列出主要危险有害因素的评估结果,指出评估项目应重点防范的重大危险有害因素,明确应重视的主要安全对策措施,给出评估项目在安全生产角度是否符合国家及行业的有关法律、法规、技术标准及规范的结论。

⑥ 编制安全风险评估报告。安全风险评估报告要做到内容充分、条理清晰、结论明确,按要求编写,并应组织专家进行评审。

5.2.2 安全风险评估的方法

安全风险评估方法与安全风险分析方法在很多场合是紧密联系、不可分割的,许多安全风险分析方法也可以用于安全风险评估。二者相互交叉、相互重叠于整个安全风险评估工作中。常用的安全风险评估方法包括:层次分析法(Analytic Hierarchy Process,AHP)、模糊综合评价法(Fuzzy Comprehensive Evaluation,FCE)、D-S 矩阵推理法、灰色综合评价法(Grey Comprehensive Evaluation,GCE)、人工神经网络法、集对分析法(Set Pair Analysis,SPA)等。

上述评估方法的使用范围和优缺点如表 5-2 所列。

表 5-2 常用安全风险评估方法对比

评估方法	优 点	缺 点	适用范围	备 注
层次分析法	将复杂问题简化为递阶层次的结构模型进行定性与定量分析	建立在专家判断的基础之上,带有一定的主观性	应用于系统分析和决策,确定影响因素的重要程度	一种多层级的分析方法
模糊综合评价法	数学模型易掌握;对多层次、多因素的复杂问题评价结果较好	受评价人员主观因素影响;计算量较大	该方法对整个模糊系统均适用	一种宏观的定性评价方法
灰色综合评价法	比较精确;对样本数量没有严格要求	对分析人员的数学水平要求较高	用于观测数据少、因素多的非线性系统	一种"贫信息"的研究方法
D-S证据推理方法	通过融合处理专家之间信息,使结果更科学、合理;依靠证据的积累,使融合的信任区间最短	要求证据之间相互独立,限制了它的应用	适用于客观样本数据不足的系统	一种不确定性的推理方法
人工神经网络法	因果关系清晰、形象;可确定各事件对事故发生的影响程度;可定性和定量分析	复杂系统,编制故障树步骤较多;计算复杂,定性定量分析困难	用于历史数据较为丰富的情况	一种回溯事故过程的分析方法
集对分析法	算法简明、快捷;能实现确定性与不确定性分析的有机结合	正确把握研究问题的背景,建立合适的对子较困难	用于处理模糊和不确定性问题	一种新型的动态评价方法

5.2.3 安全风险评估方法的选择

安全风险评估包括识别危险性和评价危险程度两个方面。识别危险性为辨识危险源,确定来自危险源的各种危险性;评价危险程度为控制危险性,包括危险的量化,即确定这些危险发生的频率及可能造成的后果(一般将定量化的危险称为风险),并将这些危险与预定的风险值相比较,以判断是否可以接受,最后根据风险能否接受而提出降低、消除、转移的对策。安全风险评估方法是进行安全风险评估的手段和工具。安全风险评估方法有很多种,每种评估方法都有其适用范围和应用条件。由于安全风险评估的目的和对象不同,安全风险评估的内容和指标也不同。因此,在进行安全风险评估时,应根据安全风险评估对象的特点和需要实现的安全风险评估目标,选择适合的安全风险评估方法。

通常,评估的对象是一个项目或系统。对其进行评估时,一般先按一定原则将评估对象分成若干有限的、范围确定的单元,然后分别进行评估,最后再综合整个系统的评估。把系统划分为不同类型的单元,目的是方便评估工作的进行,简化评估工作,减少评估工作量,提高评估的准确性。

1. 安全风险评估方法的选择原则

进行安全风险评估时,应该在认真分析和熟悉被评估系统的前提下,选择安全风险评估方法。选择安全风险评估方法应遵循充分性、适应性、系统性、针对性和合理性的原则。

(1) 充分性原则

选择安全风险评估方法之前,应该充分分析被评估系统,掌握足够多的安全风险评估方法,并充分了解各种安全风险评估方法的优缺点、应用条件和适用范围,同时为安全风险评估工作准备充分的资料。

(2) 适应性原则

选择的安全风险评估方法应该适应被评估的系统。被评估的系统可能是由多个子系统构成的复杂系统,评估的重点在各系统可能有所不同,各种安全风险评估方法都有其适应的条件和范围,应该根据系统和子系统、工艺的性质和状态,选择合适的安全风险评估。

(3) 系统性原则

安全风险评估方法与被评估的系统所能提供的安全风险评估初值和边值条件应形成一个和谐的整体,也就是说,安全风险评估方法获得的可信的安全风险评估结果,是必须建立在真实、合理和系统的基础数据之上的,被评估的系统应该能够提供所需的系统化的数据和资料。

(4) 针对性原则

所选择的安全风险评估方法应该能够得出所需的结果。根据评估目的的不同,需要安全风险评估提供的结果也有所不同,可能是事故造成的后果、系统的危险性等,安全风险评估方法能够给出所要求的结果时才能被选用。

(5) 合理性原则

应该选择计算过程最简单、所需基础数据最少和最容易获取的安全风险评估方法,使评估工作量和要获得的评估结果都是合理的。

2. 安全风险评估方法的选择过程

安全风险评估方法的选择过程有所不同,一般可按图 5-4 所示的步骤选择安全风险评估方法。选择安全风险评估方法时,应首先详细分析被评估的系统,明确通过安全风险评估

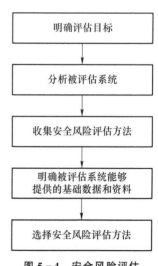

图 5-4 安全风险评估方法的选择过程

要达到的目标,即通过安全风险评估需要给出哪些安全风险评估结果;然后应了解尽量多的安全风险评估方法,将安全风险评估方法进行分类整理,明确被评估的系统能够提供的基础数据、工艺参数和其他资料;最后再结合安全风险评估要达到的目标,选择合适的安全风险评估方法。

3. 选择安全风险评估方法应注意的问题

① 要充分考虑被评估系统的特点。

➢ 根据评估对象的规模、组成结构、复杂程度、工艺类型(行业类别)、工艺过程、原材料和产品、作业条件等情况,选择评估方法。

➢ 根据系统的规模、复杂程度选择评估方法。

➢ 根据评估对象的工艺类型和工艺特征选择评估方法。

② 要考虑评估对象的危险性。一般而言,对危险性较大的系统采取系统的定性、定量安全风险评估方法,工作量也较大。反之,可采用定性安全风险评估方法或直接引用分级(分类)标准进行评估,评估对象若同时存在几类主要危险、有害因素,往往需要同时用几种评估方法分别对评估对象进行评估。

③ 要考虑评估的具体目标和要求的最终结果。

④ 要考虑对评估资料的占有情况。

⑤ 要考虑安全风险评估人员的情况。

安全风险评估方法是用来进行定性、定量安全风险评估的工具。进行安全风险评估时,应根据安全风险评估目的、对象和要实现的评估目标,选用适当的评估方法。目前,我国将安全风险评估分为安全预评价、安全验收评价、安全现状评价、安全专项评价。应根据不同的评估类别选用适宜的选择原则。如对航空维修进行安全现状评估,针对航空装备的实际情况,可综合采用预先危险性分析法、危险性评价和安全检查表法等。首先,采用预先危险分析和危险度评价法,确定主要危害有害因素及危险源,明确危险度等级;然后通过对重点部件进行事故树分析,识别事故的直接原因和潜在原因;最后采用安全检查表法,进行综合现状评价,提供合理可靠的安全对策措施和建议,消除造成事故的隐患。

5.3 安全风险综合评估方案

5.3.1 构建指标体系

1. 指标选取原则

对安全风险状态进行有效的综合评估前,需要建立符合其特点的安全风险指标体系。在评估过程中,科学合理地选取影响安全的风险因素并构建指标体系是实现准确评估的关键。因此,遵循以下原则来选取风险指标:

① 科学性原则。指标体系的建立必须具有一定的科学性,能够客观地反映出安全状况的内在特点。因此,科学性原则要从指标体系的信度和效度两方面来考虑:信度主要指专家对指标评价结果的一致性程度;效度则指利用该指标体系进行安全风险评估的准确程度。

② 系统性原则。需要考虑人员、设备、环境和管理等对安全的影响。当以上各环节的每个模块出现漏洞且相互叠加放大后，往往会导致不安全事件的发生，所以在建立安全风险指标体系时需要考虑系统性。

③ 目的性原则。安全风险指标体系要以改善安全状态为目标来设计。因此，需要根据安全风险的特点、选取系统各个环节中具有代表性的要素建立指标体系，以便能全方位、多角度地反映公务航空公司实际安全水平。

④ 全面性原则。安全风险因素众多，要建立一个完全通用的指标体系较为困难。因此，需要根据特点，统筹考虑各个环节，尽可能地包括运行工作中所有影响安全的风险因素，避免以偏概全。

⑤ 针对性原则。构建指标体系时，需要分别结合运行特征，针对实际安全运行状况来选取风险指标。只有这样，构建的指标体系才适用于安全风险综合评估。

⑥ 主成分性原则。为尽量减少数据收集和处理的工作量，并对安全状况具有高敏感度，应当尽可能地选取单一指标来度量，以及时反映实际安全状况。

⑦ 可操作性原则。所选指标应当是可测量的，且易于量化。在设计指标时，要求各个指标概念清楚、定义明确，便于数据的收集和采集，且易于通过统计或调查得到量化结果。选取的指标不仅需要具有直接测量的性质，还要有测量范围、标准及方法。

2. 指标选取依据

为了选取具有针对性的安全风险因素，需要以法规标准、公司程序及相关文件为参考。以公务航空为例，参考的局方和航空公司相关资料文件如下：

(1) 航空相关民航规章

《大型飞机公共航空运输承运人运行合格审定》(CCAR-121部)；

《一般运行和飞行规则》(CCAR-91部)；

《小型航空器商业运输运营人运行合格审定规则》(CCAR-135部)；

《民用航空器维修单位合格审定规定》(CCAR-145部)；

《民用航空器维修人员执照管理规定》(CCAR-66R3)；

《通用航空经营许可管理规定》(CCAR-290部)；

IOSA标准手册(检查单)。

(2) 公务机行业标准

国际公务机运行标准(IS-BAO)；

公务机地面保障标准(IS-BAH)。

(3) 公务航空公司相关程序手册

《飞行运行手册》；

《运行控制手册》；

《安全管理手册》；

《维修工程管理手册》；

《维修管理手册》；

《维修工作程序手册》等。

(4) 相关文件

《关于加强公务航空管理和保障工作的若干意见》(民航发[2013]17号文)。

(5) 公务航空飞行安全的国内外事故/事件

收集到的国内外近十年公务航空飞行事故/事件。

根据以上文件资料,选择出涉及公务航空运行安全相关的规定、程序等,同时结合国内外公务航空相关事故、不安全事件等材料,分析并提炼影响公务航空运行安全的风险因素。

5.3.2 安全风险指标权重算法

安全风险综合评估的第一个关键问题是如何科学地确定指标权重。公务航空安全受多种风险因素影响,想要定量分析各个风险指标的重要性,需要根据识别出来的影响因素制定出影响公务航空安全风险的指标体系,并对各个风险指标权重进行定量计算。权重是一个相对概念,某一指标的权重是指在安全风险综合评估中的相对重要性。

1. 权重算法类型

对公务航空安全风险进行综合评估前,首先需要确定各个评价指标权重,权重计算是否科学、构成是否合理,将直接影响评估结果的准确性。在传统风险评估、评价中,确定指标权重的方法有多种,总结起来大致分为以下三大类:

(1) 主观赋权法

主观赋权法是利用专家经验确定指标权重,最早是依据决策者的经验对各属性进行赋权,后经过改进将定量分析的思想融入主观赋权,主要包括 AHP 法、专家打分法、Delphi 法和二项系数加权法等。此类赋权方法受决策者给出的主观信息影响较大,仅仅依据决策者对属性信息的主观判断而得出的结果与实际相差甚远。

(2) 客观赋权法

客观赋权法是利用基础数据,通过在决策问题本身所包含的决策矩阵信息的基础上进行数学运算,从而确定权重信息的方法。客观赋权法虽然可以通过使用客观的数据信息来确定指标的权重信息,但得出的结果往往与指标实际权重信息的重要程度相差甚远,对所得结果的解释性相对较差。客观赋权法包括熵权法、CRITIC 法、离差最大化法、主成分分析法和变异系数法等。

(3) 综合赋权法

主观赋权法偏重于专家经验,存在较强主观性;客观赋权法主要通过数据信息计算权重,存在偏离现实的可能;综合赋权法是在主观和客观的基础上,找出一个可以同时发挥两者优势的契合点,同时兼顾对属性信息的偏好并合理地降低决策者对属性信息的主观随意性,从而对评估指标实现主观信息与客观信息的协调统一的一种赋权方法。

2. 权重算法对比

不同的权重计算方法都有各自的特点、优势、使用条件和范围,选择时,需要从指标体系的特点、条件以及实际情况出发,选择最佳赋权方法。表 5-3 列出了几种工程中实用的赋权方法基本原理及优缺点。

表 5-3 权重计算方法对比

方法	特征			
	基本原理	优点	缺点	备注
AHP法	把评价事件分为几个评价指标，将指标按照不同层级分类，通过两两比较方式确定指标的相对重要性，然后确定指标重要性顺序	简单明了，适用于不确定性和主观性情况；将复杂问题分层分析	定性成分太多，计算量大，特征值和特征向量的精确求法复杂	多目标、多准则、无结构特性的复杂决策问题
G1法	首先给一组一致化和无量纲的极大型指标确定序关系，然后再给出两指标间的相对重要程度，最后计算出权重系数	改进了AHP法，大大降低了计算量，对同层次元素的个数没有限制，无须一致性检验	结果受主观影响较大	主观赋权法
Delphi法	按照一定的程序，以邮件或者纸质版的方式向专家进行询问调查，通过反复进行，当结果趋于一致时即得出调查结果	可避免群体决策的一些可能缺点，每个人的观点都会被收集，不会忽视其他重要观点	过程比较复杂，一些专家碍于情面，不愿发表与其他专家不同的意见	管理、经济等，主观赋权法
熵权法	根据各指标的变异程度，利用信息熵计算出各指标的熵权，再通过熵权对各指标的权重进行修正，从而得出较为客观的指标权重	精度较高，客观性较强，能更好地解释得到的结果，适用于任何权重计算	只在确定权重过程中使用，使用范围有限	工程技术，社会经济等领域，主客观相结合
主成分分析法	研究将多指标问题转化为较少的指标统计方法，即保证指标互不相关，保留指标的大部分信息	客观性强，避免了人为赋权所造成的偏差，变量少，信息较多	新指标无法完全反映原来指标的信息	客观赋权法
DEMATEL法	采用打分方式量化指标间的逻辑关系，通过建立直接影响矩阵并经过矩阵运算求得各指标中心度和原因度。中心度表示指标在系统中的重要性程度；原因度表示因果逻辑关系程度	具有应用范围广、数据容量大、直观性强以及能用主观数据判定复杂系统指标关系等	对于大的复杂的问题难以处理	主观赋权法，适用于工程项目、企业信用评价、市场战略分析及发展分析等方面

赋权方法中，应用比较广泛的是层次分析法和熵权法。层次分析法主要用于计算具有一定层次结构的指标权重，通过人为赋权方式确定最低层相对于最高层的相对重要权值或排定相对优劣次序；熵权法主要是根据各个指标的变异程度，利用信息熵计算指标熵权，再通过熵权修正权重值，从而得到客观指标权重。

3. 权重计算方法研究

由于专家根据个人经验对各个指标进行赋权,存在一定的主观性、模糊性和不确定性,并直接影响指标权重计算的准确性;客观赋权法依赖于足够的样本数据,而且不能体现评判者对不同属性指标的重视程度,权重可能与实际重要程度相差较大。

因此,为有效解决上述客观与主观赋权存在的问题,本小节利用模糊层次分析法计算主观权重,利用熵权法计算客观权重,利用灰色关联度进行综合权重计算。综合权重的计算方法如图5-5所示。

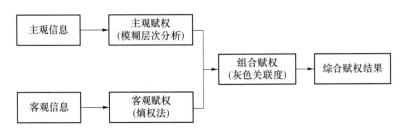

图5-5 综合权重计算方法

(1) 模糊层次分析法

1) 模糊数学理论

模糊数学是美国控制论专家L.A.Zadeh于1965年提出的一种处理不确定性问题的新方法,该方法以模糊集合论为基础,是描述人脑思维、解决模糊信息的有力工具,目前已在科学技术、社会科学、经济管理等各个领域得到了大量推广与应用。

① 隶属度和隶属函数。

模糊数学是以客观事物的模糊性为研究对象,通过找出事物的数学规律来分析、解决事物的模糊性问题。为实现这一目的,需要利用模糊集合来描述事物,并通过确定隶属函数来精确事物的模糊性质。模糊集合和隶属函数相关定义如下:

【定义1】 设给定的论域为U(所研究的全体事物),对任意$x \in U$,x以映射关系$\mu(\mu \in [0,1])$隶属于集合A,而非$x \in A$或$x \notin A$,则确定了论域U上的一个模糊集合A,用$F(\mu)$表示。

【定义2】 设论域U中,如果存在$\mu_A(x):U \to [0,1]$,则称$\mu_A(x)$为x对A的隶属度,$\mu_A(x)$则为模糊集A的隶属函数。模糊集A可由隶属函数$\mu_A(x)$唯一确定。

隶属函数用于描述事物的模糊性,目前国内外众多学者对隶属函数做了大量的研究,并提出了多种确立隶属函数的方法。常用的确定隶属函数的方法有:模糊分布法、模糊统计法、因素加权综合法、三分法、Delphi法等。

② 常见隶属函数。

a. 偏小型隶属函数。此类模糊集合主要用于表达偏向小的一方的模糊现象,偏小型模糊分布的表达式如下:

$$\mu_A(x) = \begin{cases} 1 & x \leq a \\ f(x) & x > a \end{cases} \quad (5-1)$$

式中:a为常数;$f(x)$为不增函数,选择不同的f,则偏小型模糊分布不同。

b. 偏大型隶属函数。与偏小型模糊分布相反,此类模糊集合用于表达偏向大的一方的模糊现象,偏大型模糊分布的表达式如下:

$$\mu_A(x)=\begin{cases}0 & x\leqslant a\\ f(x) & x>a\end{cases} \quad (5-2)$$

式中:a 为常数;$f(x)$ 为不减函数,选择不同的 f,则偏大型模糊分布不同。

c. 三角形隶属函数。设论域 R 上的 Fuzzy 数 A,若 M 的隶属度函数 $\mu_A(x)$ 表示为

$$\mu_A(x)=\begin{cases}\dfrac{(x-b)}{(a-b)} & b\leqslant x\leqslant a\\ \dfrac{(c-x)}{(c-a)} & a<x<c\\ 0 & \text{其他}\end{cases} \quad (5-3)$$

式中:$c\leqslant b\leqslant a$,c 和 a 表示 A 的下界和上界的值,b 为 A 的隶属度为 1 的中值。则三角 Fuzzy 数 A 就为 (a,b,c)。

2) 权重计算

模糊层次分析法通过加入模糊数学方法改进了层次分析法,不仅可以对因素指标进行分层,同时也能够考虑到专家主观打分的判断模糊性,在一定程度上比较科学地计算了权重。采用模糊层次分析法计算权重的主要步骤如下:

① 建立模糊判断矩阵。

假设指标体系中准则层因素 Y 与指标层元素 z_i 之间存在隶属关系,则通过两两比较判断方式确定两个指标之间的重要性程度,并建立模糊判断矩阵 $\boldsymbol{A}$。

$$\boldsymbol{A}=(a_{ij})_{n\times n}=\begin{bmatrix}a_{11} & a_{12} & \cdots & a_{1n}\\ a_{21} & a_{22} & \cdots & a_{2n}\\ \vdots & \vdots & \vdots & \vdots\\ a_{n1} & a_{n2} & \cdots & a_{nn}\end{bmatrix} \quad (5-4)$$

式中:a_{ij} 为指标 z_i 与 z_j 比较时,相对于因素 Y 的隶属度。

下面采用"0.1~0.9 标度法"表示两个指标之间的相对重要性程度。设专家赋值为 a_{ij},若 $a_{ij}\in[0.1,0.5]$,则指标 z_i 比 z_j 重要;若 $a_{ij}\in[0.5,0.9]$,则指标 z_j 比 z_i 重要,具体含义如表 5-4 所列。

表 5-4 0.1~0.9 标度法的取值及意义

取值	含义
0.1	两个指标相比较,后者比前者极端重要
0.2	两个指标相比较,后者比前者强烈重要
0.3	两个指标相比较,后者比前者明显重要
0.4	两个指标相比较,后者比前者稍微重要
0.5	两个指标相比较,两者同等重要
0.6	两个指标相比较,前者比后者稍微重要
0.7	两个指标相比较,前者比后者明显重要
0.8	两个指标相比较,前者比后者强烈重要
0.9	两个指标相比较,前者比后者极端重要

根据"0.1~0.9 标度法",可以得出模糊判断矩阵 A 有以下几点特征:

a. $a_{ii}=0.5, i=1,2,\cdots,n$;

b. $a_{ij}=1-a_{ji}, i,j=1,2,\cdots,n$;

c. $a_{ij}=a_{ik}-a_{jk}, i,j,k=1,2,\cdots,n$

② 计算各因素权重。

设模糊判断矩阵 $A=(a_{ij})_{n\times n}$,对矩阵 A 按行求和,即 $r_i = \sum_{k=1}^{n} a_{ik}, i=1,2,\cdots,n$,并按以下公式进行数学变换求得模糊一致矩阵 $R=(r_{ij})_{n\times n}$。

$$r_{ij}=0.5+\frac{r_i-r_j}{2(n-1)} \quad i,j=1,2,\cdots,n \tag{5-5}$$

设各因素 $z_1,z_2,\cdots,z_n$ 的权重值分别为 $w_1,w_2,\cdots,w_n$,则由下公式可求得权重。

$$w_i=\frac{-1+\frac{n}{2}+\sum_{j=1}^{n} r_{ij}}{n(n-1)}; \quad i=1,2,\cdots,n \tag{5-6}$$

③ 计算特征矩阵。

根据下式计算可得到模糊判断矩阵 A 的特征矩阵。

$$w_{ij}=w_i/(w_i+w_j), \quad i,j=1,2,\cdots,n \tag{5-7}$$

$$w^*=(w_{ij})_{n\times n}=\begin{bmatrix} w_{11} & w_{12} & \cdots & w_{1n} \\ w_{21} & w_{22} & \cdots & w_{2n} \\ \vdots & \vdots & \cdots & \vdots \\ w_{n1} & w_{n2} & \cdots & w_{nn} \end{bmatrix} \tag{5-8}$$

④ 一致性检验。

在模糊层次分析法中,通常采用相容性指标来检验模糊判断矩阵的一致性,相容性指标计算公式为

$$I(A,w^*)=\frac{1}{n^2}\sum_{j=1}^{n}\sum_{i=1}^{n}|a_{ij}+w_{ij}-1| \tag{5-9}$$

将相容性指标计算结果与决策者态度 α 作比较,如果相容性指标 $I(A,w^*)<\alpha$(一般取 $\alpha=0.1$)时,则认为模糊判断矩阵 A 满足一致性要求。

⑤ 权重计算。

通过上述步骤计算得到的是一组指标对上一层因素的权重向量,为了得到最底层指标相对于最高目标层的重要性权值,须按照下式对权重进行合成。

$$w'=\sum_{j=1}^{m} W_j \cdot w_{ij} \tag{5-10}$$

由以上理论可知,模糊层次分析法与层次分析法的主要区别就在于判断矩阵。首先,模糊层次分析法建立的是模糊判断矩阵,进一步简化了层次分析法判断矩阵建立的复杂程度;其次,层次分析法检验判断矩阵一致性较为困难,而模糊层次分析法在建立判断矩阵时就能构造出具有模糊一致性的判断矩阵,从而更好地解决了一致性问题。

(2) 熵权法

信息熵不仅可以用来对各个评估指标信息量的大小进行度量,而且还可以用来对各个评

估指标信息的效用值进行度。熵权法是一种具有较强客观性的计算评估指标权重信息的方法，对客观数据信息依赖性较强，该权重信息确定方法的实质就是充分利用评估指标的客观数据信息熵，进而确定其效用值，效用值越高，其权重信息越大。因此，本部分选用确定评估指标权重信息的客观赋权法为熵权法。熵权法确定评估指标权重信息的具体步骤如下：

① 样本数据标准化处理。

标准化后的数据 b_{st} 记为

$$b_{st} = \frac{x_{st} - x_{min}}{x_{max} - x_{min}} \quad (5-11)$$

② 计算信息熵 E_j。

根据信息熵的定义可知，一组客观数据的信息熵可以用下式计算：

$$H_t = -\frac{1}{\ln m}\left(\sum_{s=1}^{m} f_{st} \ln f_{st}\right) \quad (5-12)$$

其中，$f_{st} = b_{st} \Big/ \sum_{s=1}^{m}(1+b_{st})$。

一般地，当 $f_{st}=0$ 时，$f_{st}\ln f_{st}=0$，当 $f_{st}=1$ 时，显然 $\ln f_{st}$ 也等于零，这两种情况都和熵的定义相违背，为了使公式能够在实际运行中有意义，需要对 f_{st} 进行修正，即

$$f_{st} = \frac{1+b_{st}}{\sum_{s=1}^{m}(1+b_{st})} \quad (5-13)$$

③ 确定各评估指标的权重信息。

通过计算各组数据的信息熵：$F = (F_1, F_2, F_3, \cdots, F_n)$，则各指标的权重信息可由下式确定：

$$W_t = \frac{1-H_t}{n - \sum_{t=1}^{n} H_t} \quad (5-14)$$

其中，满足 $\sum_{t=1}^{n} w_t = 1$。

通过式（5-11）～式（5-14），可得以下性质：

a. 如果某一指标的属性值均相同，则说明该指标的信息熵达到最大为1，权重为0，效用值越低；如果某一指标的属性值存在较大的差异，则该指标的信息熵较小，权重越大，效用值越高。

b. 各指标的权重信息与数据的信息熵直接相关，避免了人为主观因素的影响，且 $0 \leqslant H_t \leqslant 1, 0 \leqslant W_t \leqslant 1, \sum_{t=1}^{n} w_t = 1$。

（3）灰色关联综合赋权法

综合赋权法需要确定两种赋权法所占组合权重的比例，才能准确地计算综合权重。本部分运用灰色关联度法确定不同权重计算方法的权系数，从而得到最后综合权重。

假设这两种赋权法计算公务航空风险因素权重是：

$$\omega_k = (\omega_{k1}, \omega_{k2}, \omega_{k3} \cdots \omega_{kj}) \quad (5-15)$$

式中：k 的取值为1和2；ω_{kj} 表示第 k 种权重计算方法下的第 j 个关键风险因素的权重。参考

文献[64]对于计算模型的探索,得到最终 ω_j 的计算模型为

$$\omega_j = \sum_{k=1}^{m} \alpha_k \omega_{kj} \quad (j=1,2,3\cdots\cdots 19) \tag{5-16}$$

权系数与权重类似,综合权重方法并没有绝对的好坏,只是考虑的角度不同,利用以下公式可得到参考权重向量。

$$\boldsymbol{\omega}_0^*(i) = \frac{\prod_{k=1}^{m}(\omega_{ki})^{1/m}}{\sum_{i=1}^{j}\prod_{k=1}^{m}(\omega_{ki})^{1/m}} \tag{5-17}$$

参考权重向量设为 $\boldsymbol{\omega}_0^* = (\omega_1^*, \omega_2^*, \omega_3^* \cdots\cdots \omega_j^*)$,不同种赋权法得到的权重向量表示为 $\boldsymbol{\omega}_k = (\omega_{k1}, \omega_{k2}, \omega_{k3} \cdots\cdots \omega_{kj})$,$k$ 取值为 1 和 2。

① 灰色关联集的建立。

这里设定 $(\omega_0^*, \omega_1, \omega_2, \omega_3 \cdots\cdots \omega_j)$ 为一个因素集合,ω_0^* 是参考序列,剩下的序列都是比较序列。

② 绝对差序列的计算。

利用下列公式计算可得到比较序列和参考序列的绝对差数列:

$$\Delta_{0k}(j) = |\boldsymbol{\omega}_0^*(j) - \boldsymbol{\omega}_k^*(j)| \tag{5-18}$$

式中:k 取值为 1 和 2。

③ 关联系数的计算。

由式(5-18)得到的 $\Delta_{0k}(j)$,最大值记为 $\Delta_{\max}$,最小值为 $\Delta_{\min}$,可用下式计算关联系数。

$$\gamma_{0k}(j) = \frac{\Delta_{\min} + \rho\Delta_{\max}}{\Delta_{0k}(j) + \rho\Delta_{\max}} \tag{5-19}$$

式中,ρ 为分辨率,一般取值 0.5。

④ 关联度的计算。

根据下式计算比较序列对于参考序列的关联度:

$$\gamma_{0k} = \frac{1}{n}\sum_{j=1}^{n}\gamma_{0k}(j) \tag{5-20}$$

⑤ 权系数的计算。

根据下式计算权系数:

$$\alpha_k = \gamma_{0k} \Big/ \sum_{i=1}^{m}\gamma_{0k} \tag{5-21}$$

最后根据计算所得的权系数代入式(5-16)可以得到 j 因素综合权重 ω_j。

5.3.3 安全风险综合评估方法

通过对比研究综合评估方法,结合灰色理论、模糊理论构建公务航空安全风险综合评估模型,为准确评估公务航空安全风险提供理论和方法支持。

1. 公务航空安全风险综合评估模型构建思路

由公务航空安全风险评估指标体系可知,各个评估指标均属于定性指标,要获得客观的基础数据较为困难。为有效量化各个评估指标,实现对公务航空安全风险的综合评估,本小节采

用人为评估的方式来量化指标。但是人为评估的模糊性和主观性较强,同时评估工作受到贫信息的制约,这都将影响评估结果的准确性。

为有效解决人为评估的模糊性、主观性,以及因信息制约等问题,通过对比分析综合评估方法,本小节结合灰色系统理论和模糊数学理论,构建基于灰色模糊综合评估模型的公务航空安全风险评估方法。该方法以模糊数学理论解决人为评估的模糊性和主观性,以灰色系统理论解决评估时的贫信息问题。最后采用灰色模糊综合评估模型,对某航空公司公务航空安全风险状况进行综合评估,以验证该评估方法的实用性、准确性。公务航空安全风险综合评估设计方案,如图5-6所示。

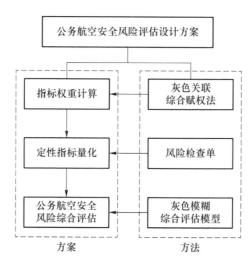

图 5-6 公务航空安全风险综合评估设计方案

2. 灰色模糊综合评估模型的构建过程

(1) 基础知识介绍

1) 灰色系统理论简介

灰色系统理论是我国著名学者邓聚龙教授于20世纪80年代初提出的一种研究少数据、贫信息不确定性问题的新方法,其研究对象为"部分信息已知,部分信息未知"的"小样本、贫信息"不确定性系统,研究涉及灰分析、灰预测、灰评估、灰数学等重要系统性理论。目前,该理论已在农业科学、经济管理、环境科学、控制科学等诸多领域得到广泛应用。

灰色系统理论与概率统计、模糊数学是当前最常用的三种不确定性系统研究方法。概率统计研究的是"随机不确定"现象,着重考察"随机不确定"现象的历史统计规律,其出发点是大样本,要求对象服从某种典型分布。模糊数学着重研究"认知不确定性"问题,其研究对象具有"内涵明确,外延不明确"的特点,主要凭经验借助隶属函数进行处理。与概率统计、模糊数学相比,灰色系统理论则具有"少数据建模",着重研究"外延明确,内涵不明确"的不确定性对象。

2) 灰 数

在灰色系统理论中,灰数被定义为只知道取值范围而不知道确切取值的实数。根据取值情况,灰数可分为以下几种:

① 仅有下界的灰数。

将有下界而无上界的灰数记为 $\otimes \in [\underline{a}, \infty)$ 或 $\otimes \in (\underline{a})$,其中 $\underline{a}$ 为灰数 $\otimes$ 的下确界,是确定

的数。一般称$[\underline{a},\infty)$为⊗的取数域,简称⊗的灰域。

② 仅有上界的灰数。

将有上界而无下界的灰数记为$⊗\in(-\infty,\overline{a}]$或$⊗\in(\overline{a})$,其中$\overline{a}$为灰数⊗的上确界,是确定的数。

③ 区间灰数。

既有下界$\underline{a}$又有上界$\overline{a}$的灰数称为区间灰数,记为$⊗\in[\underline{a},\overline{a}]$。

④ 连续灰数与离散灰数。

在某一区间内,取有限各值或可数各值的灰数称为离散灰数,取值连续地充满某一区间的灰数称为连续灰数。

⑤ 黑数与白数

当$⊗\in(-\infty,+\infty)$时,即当⊗的上、下界皆为无穷时,称⊗为黑数。

当$⊗\in[\underline{a},\overline{a}]$且$\underline{a}=\overline{a}$时,称⊗为白数。

3)白化权函数

① 常用的白化权函数。

利用灰色系统理论进行灰评估的核心是确定灰类的白化权函数,常用的白化权函数主要有以下三种:

a. 上端级。

灰数为$\overline{a}\in[a_1,\infty)$,其函数如图 5-7 所示,函数公式为

$$f_1(a_{1i})=\begin{cases} 1 & a_{1i}\in[a_1,\infty) \\ a_{1i}/a_1 & a_{1i}\in[0,a_1) \\ 0 & a_{1i}\in(-\infty,0) \end{cases} \quad (5-22)$$

b. 中间级。

灰数为$\overline{a}\in[0,a_1,2a_1]$,其函数如图 5-8 所示,函数公式为

$$f_2(a_{1i})=\begin{cases} a_{1i}/a_1 & a_{1i}\in[0,a_1] \\ 2-a_{1i}/a_1 & a_{1i}\in[a_1,2a_1) \\ 0 & a_{1i}\notin(-\infty,0) \end{cases} \quad (5-23)$$

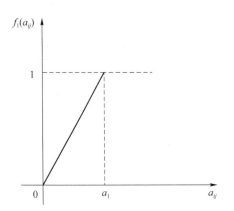

图 5-7 上端级白化权函数

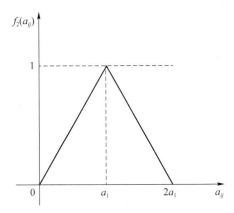

图 5-8 中间级白化权函数

c. 下端级。

灰数为 $\overline{a} \in [0, a_1, a_2]$，其函数如图 5-9 所示，函数公式为

$$f_3(a_{1i}) = \begin{cases} 1 & a_{1i} \in [0, a_1] \\ (a_2 - a_{1i})/(a_2 - a_1) & a_{1i} \in [a_1, a_2] \\ 0 & a_{1i} \notin (0, a_2) \end{cases} \quad (5-24)$$

② 典型的白化权函数。

典型的白化权函数如图 5-10 所示，其函数形式为

$$f_j(D_j) = \begin{cases} 0 & D_j \notin [d_1, d_4] \\ (D_j - a_1)/(d_2 - d_1) & D_j \in [d_1, d_2] \\ 1 & D_j \in [d_2, d_3] \\ (d_4 - D_j)/(d_4 - d_3) & D_j \in [d_3, d_4] \end{cases} \quad (5-25)$$

式中：d_1, d_2, d_3, d_4 为 $f_j(D_j)$ 的转折点；D_j 为指标值。

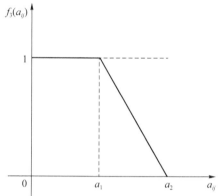

图 5-9　下端级白化权函数　　　　图 5-10　典型白化权函数

(2) 灰色模糊综合评估模型

灰色模糊综合评估模型方法是一种以模糊数学理论和灰色系统理论为基础，通过融合灰色和模糊关系，量化边界不清及不易定量的指标，并对被评估对象隶属等级状况进行综合评估的方法。该方法的计算过程是：首先建立灰色模糊因素集，然后确定白化函数值，量化模糊指标，最后运用灰色聚类原理进行评估。其主要步骤如下：

① 建立灰色模糊评估因素集。

设 U 为反映被评估对象的所有因素的集合，则

$$U = (u_1, u_2, \cdots, u_n) \quad (n = 1, 2, \cdots, m) \quad (5-26)$$

式中：m 为被评估对象的因素个数。

在多层次评估指标体系中，有

$$u_i = (u_{i1}, u_{i2}, \cdots, u_{ij}) \quad (j = 1, 2, \cdots, k) \quad (5-27)$$

式中：k 为某因素下的评估指标个数。

② 确定评估等级。

在进行风险综合评估前，首先需要确定风险评估等级，以 V 表示，则

$$V=(v_1,v_2,\cdots,v_n) \quad (n=1,2,\cdots,p) \tag{5-28}$$

式中,n 为评估等级数,通常将风险评估等级设定为 5 级。

本小节根据航空公司《航空安全管理手册》风险评估程序,将公务航空安全风险评估等级分为"较低风险""低风险""中等风险""较高风险"和"高风险"5 个等级,对应的标准分值分别为"$[0,2],(2,4],(4,6],(6,8],(8,10]$"。

③ 确定灰类及白化权函数。

根据灰色系统理论知,每个评估指标分别对应每一灰类的灰数,且灰数是灰类白化权函数的相关临界点。因此,确定灰类即是要确定评估灰类的等级数、灰类的灰数以及灰类的白化权函数。

由于已将公务航空安全风险评估等级分为了 5 个等级,因此本小节将评估灰类的等级数确定为 5 个等级,同样灰数也为 5,并按照灰数确定各个指标的白化权函数为 $f_e(d_{ik})=(e\in\{1,2,3,4,5\})$,$d_{ik}$ 为风险评估值,则以上 5 个等级的灰类的白化权函数分别为

$$f_1(d_{ik})=\begin{cases} 0 & d_{ik}\notin[0,5] \\ 1 & d_{ik}\in[0,1] \\ -d_{ik}/4+5/4 & d_{ik}\in[1,5] \end{cases} \tag{5-29}$$

$$f_2(d_{ik})=\begin{cases} 0 & d_{ik}\notin[0,6] \\ d_{ik}/3 & d_{ik}\in[0,3] \\ -d_{ik}/3+2 & d_{ik}\in[3,6] \end{cases} \tag{5-30}$$

$$f_3(d_{ik})=\begin{cases} 0 & d_{ik}\notin[0,10] \\ d_{ik}/5 & d_{ik}\in[0,5] \\ -d_{ik}/5+2 & d_{ik}\in[5,10] \end{cases} \tag{5-31}$$

$$f_4(d_{ik})=\begin{cases} 0 & d_{ik}\notin[0,14] \\ d_{ik}/7 & d_{ik}\in[0,7] \\ -d_{ik}/7+2 & d_{ik}\in[7,14] \end{cases} \tag{5-32}$$

$$f_5(d_{ik})=\begin{cases} 0 & d_{ik}\notin[0,18] \\ d_{ik}/9 & d_{ik}\in[0,9] \\ 1 & d_{ik}\in[9,18] \end{cases} \tag{5-33}$$

④ 计算灰色评估系数。

设 n_{ie} 为指标 Z_i 属于第 e 个评估灰类的灰色评估系数,则

$$n_{ie}=\sum_{k=1}^{i}f_e(d_{ik}) \tag{5-34}$$

设 x_i 为各评估灰类的总灰色评估系数,则

$$x_i=\sum_{k=1}^{5}n_{ie} \tag{5-35}$$

⑤ 建立灰色评估权矩阵。

根据式(5-35)计算得出灰色评估权向量,并形成样本权矩阵 $\boldsymbol{R}_i$。设 r_{ie} 为指标 Z_i 属于第 e 个灰类的灰色评估权,则灰色评估权 r_{ie} 和权矩阵 $\boldsymbol{R}_i$ 分别为

$$r_{ie}=\frac{n_{ie}}{x_i} \tag{5-36}$$

$$\boldsymbol{R}_{ie}=\begin{bmatrix} r_{11} & r_{12} & r_{13} & r_{14} & r_{15} \\ r_{21} & r_{22} & r_{23} & r_{24} & r_{25} \\ \vdots & \vdots & \vdots & \vdots & \vdots \\ r_{i1} & r_{i2} & r_{i3} & r_{i4} & r_{i5} \end{bmatrix} \tag{5-37}$$

⑥ 计算灰色模糊综合向量。

根据指标权重集 w_i 和灰色评估权矩阵 $\boldsymbol{R}_i$，计算得到准则层的灰色模糊综合评估向量 $\boldsymbol{C}_i$，则

$$\boldsymbol{C}_i=w_i\times\boldsymbol{R}_i(i\in\{1,2,3,4,5\}) \tag{5-38}$$

式中，$\boldsymbol{C}_i$ 的值表示准则层因素对应等级（"较低风险""低风险""中等风险""较高风险""高风险"）的隶属度。

由准则层指标的权重向量 $\boldsymbol{W}_i$ 及灰色模糊综合评估向量 $\boldsymbol{C}_i$，可计算得出目标层的灰色模糊综合评估向量 $\boldsymbol{C}$。

$$\boldsymbol{C}=\boldsymbol{W}\times\boldsymbol{R} \tag{5-39}$$

式中，$\boldsymbol{C}$ 为灰色模糊综合评估的结果，根据最大隶属度原则，对公务航空安全风险状况进行综合评估。

安全风险等级综合得分按照下式计算：

$$\boldsymbol{G}=\boldsymbol{C}\times\boldsymbol{h}^{\mathrm{T}} \tag{5-40}$$

式中，$\boldsymbol{h}=[1,3,5,7,9]$。

第6章 公务航空安全风险评估系统

随着中国经济的高速发展和低空空域改革的深入,公务航空运输将会出现爆发性的增长。截至 2017 年底,中国内地的公务航空公司共计 62 家;公务机共计 339 架,占全国固定翼飞机数量的 18%,公务机数量较 2016 年的 312 架增长 8.7%。

我国公务航空在高速发展的同时,也面临公务航空运行相关的法规文件相对滞后,人员素质、设施设备、航空器管理等不能适应和跟上机队发展要求,这给公务航空安全带来诸多隐患。

目前,公务航空相关法规不健全、安全监管没有针对性,无法对公务航空公司安全进行持续监督检查。同时,在长期运行过程中,公务航空运行系统内部同样存在影响运行安全的各种风险因素。因此,如何建立一套完整的公务航空安全风险管理系统是当下亟待解决的问题。本章针对此问题,提出了一种行之有效的安全风险分析及评估系统,以帮助局方和公务航空公司提高运行安全风险监管和管控能力,进而提高通用航空的安全水平。

6.1 公务航空概述

6.1.1 公务航空相关定义

公务机(Business Aircraft)也常被称为商务机、私人飞机或专机。对于公务机的定义,目前我国局方并没有做出明确规定。国际公务航空委员会对公务机的定义是"装有 2 台或 2 台以上涡轮发动机,由专业飞行员驾驶,从事不定期飞行的飞机。"由此看来,公务机具有如下特点:①此处所说的涡轮发动机包括涡桨发动机和喷气发动机,因此数十万架使用活塞发动机的飞机都不属于公务机范畴;②该定义将为数众多的单发飞机排除在外;③这一定义的设定排除了很多自驾的小型飞机;④从事不定期飞行。

图 6-1~图 6-3 所示分别是湾流 G550 公务机、空中国王 C90 公务机、庞巴迪 5500 公务机。公务航空(Business Aviation)指的是在统一的航空安全管制前提下,由客户确定起飞时间、始达地点、飞行距离及行程路线的民运航空服务,专注于商务活动的航空器设计、开发、生产、运营及使用的行为,是通用航空的一个重要分支。

图 6-1 湾流 G550 公务机

图 6-2 空中国王 C90 公务机

图 6-3 庞巴迪 5500 公务机

固定基地经营商(Fixed Based Operator,FBO)指由公务机专用候机楼、停机坪和机库三部分组成,专为通用航空飞机特别是公务机和私人飞机提供添加航空燃油、对通用飞机进行停放、日常服务及维修、接待旅客及提供相关信息和其他服务的公司,一般设在机场基地。FBO起源于美国航空业初期,于 1926 年在美国"商业航空条款"通过之后产生。当时,美国联邦航空局对 FBO 的定义是"由机场授权在机场经营的商业机构,提供诸多航空服务,如:加燃油、机库、系停机位、飞机出租、飞机维修、飞行教练等。"FBO 通常被设置在公用机场对外出租的区域里,它是提供通用航空服务的重要的首选机构。目前 FBO 较为成熟的业务主要有场外经营、候机楼经营、维修经营和其他经营业务,其经营模式主要有投资建设、经营管理和盈利模式,其中投资模式主要为政企联合、合资、个体的模式;经营管理模式主要包括委托、特许、自主和联合经营。

飞机维修经营体(Maintenance Repair & Overhaul,MRO)是指专业提供通用飞机包括公务机在内的维护、维修大修业务管理的公司,通常提供的服务是指超出对通用飞机的日常维护维修能力的大修服务,如:Aeroengine(飞机引擎)、APU(辅助动力装置)、Electronic Components(电子器件)、Hydraulic System(液压系统)、Landing Gear(起落架)的维修和大修。MRO 与 FBO 相互关联,通常它们彼此相邻坐落于同一机场,可以包括相同的服务内容,但实际上两者具有不同的功能;相对而言,MRO 和 FBO 是更为独立的经营体。因此,MRO 和 FBO 是公务机航空产业运行不可缺少的相关商业要素。

6.1.2 国外公务航空业的发展历程

公务航空起源于通用航空,是其重要的组成部分。因此,公务航空的发展与通用航空息息相关、密不可分。追溯通用航空的发展,则须从世界上通用航空发达的国家美国开始。

第 1 阶段,形成初期。第二次世界大战之后,大量过剩的飞机和飞行员流入民间,他们中大部分开始从事娱乐飞行和飞行竞赛,这促成了通用航空的初步形成。在 1926 年美国的空中商务条例中出现了早期通用航空的规章。同时,美国政府将大约 85% 的美国空域划为民用,保证了飞行空域,为通用航空的发展壮大创造了条件。

第 2 阶段,发展起步。商业航空和通用航空出现两极分离,波音公司和道格拉斯公司选择走研发客运和货运飞机的道路,而其他飞机制造商则选择继续生产追求速度和飞行技巧的小型体育竞赛飞机。二十世纪三十年代,美国比奇公司研发了一种新型双发单翼-18 机型,通称

"双发比奇",该机型在世界各地获得商业用户的大量订单,成为美国早期公务机的主流机型之一。1937年,第一架公务飞机由美国企业家哈里科菲购买,用其从俄勒冈州到阿拉斯加和太平洋西北分部进行工作视察时乘坐。1947年,美国公务航空协会(NBAA)成立,这是世界第一个公务飞行指导机构。

第3阶段,公务航空的成长与兴起。二十世纪五六十年代,美国经济发展处于全球经济领先地位,其国家地域辽阔,东西海岸、南北国境之间相距遥远,地面交通非常不便。企业家们开始发现,要想提高与外地工厂联系的工作效率,势必需要航空运输。公务机航空业应运而生。飞机制造商们,意识到公务航空将是通用航空的未来,开始大量研发生产公务机。到二十世纪五十年代中期,美国通用飞机的产量已达到4 500架/年。同时美国政府开始大量修建小型机场,二十世纪七十年代,美国政府开始开放低空管制(3 000m以下空域),为通用航空的发展打开了更为宽松的空域条件。航空器新兴技术的研发,航空导航仪表、润轮风扇发动机的研制和运用,使得公务航空的飞机性能和舒适度有了极大提高。二十世纪六七十年代,通用航空的飞机达到60 000架。

第4阶段,公务航空成熟阶段。二十世纪九十年代,喷气公务机产业出现了两个"黄金时期"。一是1996—2001年"9·11"事件以后,美国企业家更为青睐乘坐私密性强的公务机出行。当时,世界喷气公务机交付量年均增幅超过25%。二是2003—2008年,由于油价飙涨、金融危机等"经济"因素,小型公务机相对经济的油耗成本促使喷气公务机交付量年均增幅超过20%。1994年8月12日,克林顿总统签署了"通用航空复兴法",进一步促进了通航的发展。统计显示,"目前全球约有2.5万架公务机,其中70%在美国,15%在欧洲和南美地区,亚洲的份额不到10%;按照国家GDP与公务机需求关系来看,美国平均每1 000亿美元产生141架公务机需求量,巴西虽与中国同属发展中国家,但其公务机的相对需求量高于美国,其每1 000亿美元大约产生320架公务机的需求量。而中国每1 000亿美元仅有1.6架公务机需求。"这与中国的经济、地理、社会条件极不相称。

6.1.3 公务航空运行标准及运行模式

1. 公务航空的运行标准

2008年感受到公务机方便、快捷、高端的魅力之后,我国公务航空出现了快速发展的趋势,自此掀开了我国公务航空的发展历程。2009年,民航局颁布《关于加快通用航空发展的措施》,从此我国公务航空进入跨越式发展阶段,随后国家也颁布了一系列促进通用航空,尤其是促进公务航空发展的相关政策。2010年,国务院、中央军委印发《关于深化我国低空空域管理改革的意见》,对深化我国低空空域管理改革做出部署。2012年,国务院发布《国务院关于促进民航业发展的若干意见》,明确了促进民航业发展的总体要求、主要任务、政策措施,包括促进公务飞行发展的措施。2013年11月,中国人民解放军总参谋部和中国民用航空局联合发布《通用航空飞行任务审批与管理规定》,指出军方将与国防、领土不相关的通用航空飞行任务的审批权移交出来,从而在一定程度上简化了通航飞行的流程。2014年11月,低空空域管理改革工作会议在北京召开,开放全国1 000 m以下的低空空域,致力于将通用航空培育成为下一个新的经济增长点。2016年5月,国务院办公厅印发《关于促进通用航空业发展的指导意见》,明确设定通用航空产业"十三五"发展目标:到 2020 年建成 500 个以上通用机场,通用航空器达到 5000 架以上,年飞行量 200 万小时以上,通用航空业经济规模超过 1 万亿元。其他相关政策具体见表 6-1。

表 6-1 公务航空相关法规政策

年 份/年	指导性文件法规	具体规定条目
2009	《关于加速通用航空发展的措施》	加大低空空域开放力度;进一步规范和简化通航活动申报程序,降低使用成本
2010	《关于深化我国低空空域管理改革的意见》	将低空空域开放分为 3 个阶段:2011 年前是试点阶段,2011—2015 年底前是推广阶段,2016—2020 年是深化阶段
2011	《中国民航"十二"五规划》	确定 4 大方向:①推进基础设施建设;②加强气象和情报服务能力建设;③扩大通用航空规模;④完善规章标准体系
2012	《民航发展基金征收使用管理暂行办法》	向航空公司和旅客征收民航发展基金,用于支持通用航空领域的人才培养、基础设施建设等
2012	《国务院关于促进民航业发展的若干意见》	加大通用航空发展力度,积极发展应急救援、私人及公务飞行等新兴通用航空服务
2013	《促进民航业发展重点工作分工方案》	大力发展通用航空,巩固传统业务,加快发展新兴业务
2013	《关于加强公务航空管理和保障工作的若干意见》	提出 18 条措施以专门加强和规范公务航空的市场准入
2013	《关于加快飞机租赁业务发展的意见》	提出 7 条促进飞机租赁业健康发展的措施,在某些条件下享受税收优惠
2013	《通用航空飞行任务审批与管理规定》	规定了除九种情况以外,通用航空飞行任务不需要办理任务申请和审批手续,但需提前报备计划
2014	《低空空域管理使用规定试行》(征求意见稿)	从空域分类划设、空域准入使用、飞行计划审批报备等五大方面,就低空空域的管理使用进行具体的实操性加强规定

我国公务航空还处于发展阶段,与我国公务航空运行相关的标准以及规章并没有十分明确。在 2006 年《小型航空器商业运输运营人运行合格证审定规则》(CCAR135 部)出台前,国内公务航空业务是参照《大型飞机公共航空运输承运人运行合格审定规则》(CCAR121 部)进行运行合格审定的,局方也是参照运输航空进行监管的,这样在客观上限制了公务航空的发展。自 2007 年 11 月《一般运行和飞行规则》(CAAR91-R2)出台以后,由于 CCAR91 部及 CCAR135 部在市场准入、运行标准和人员资质要求方面与 CCAR121 部相比要相对宽松,而我国许多公务机是属于运输航空的大飞机,所以在航线申请以及运行保障上相对比较欠缺。另外,规则中并未对公务航空合格审定和经营规则做出具体规定,使得公务航空在经营和飞行审定中存在灰色地带和盲区,不利于贯彻民航安全运营的理念。公务航空维修体系方面,维修系统在 CCAR135 部出台前后,均是参照《民用航空器维修单位合格审定规定》(CCAR145 部)进行合格审定的。随着公务航市场的不断发展,客户多元化的需求,维修系统机型复杂,管控难度增加,硬件设备短缺,成熟的维修人员不能被及时地吸收到公务航空的队伍中等客观因素,造成不利于公务航空维修系统安全发展的隐患。我国公务航空具体运行归属如图 6-4 所示。

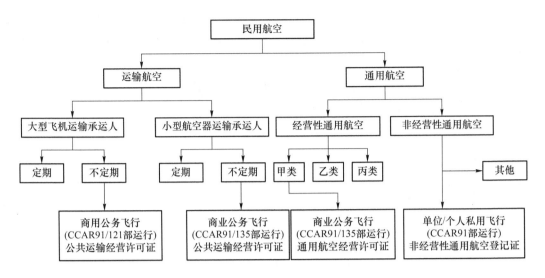

图 6-4 公务航空运行归属

2. 公务航空的运行模式

通常,公务航空运营公司的业务运营模式主要分为地面代理、整机包租、托管和产权共享 4 类。

地面代理是公务航空最原始的单一基础运作模式,主要是指由代理单位以有偿的价格为私用公务机飞行客户提供地面配餐、供油、航线的规划、挑选及向相关部门进行航路申请等一揽子服务。代理公司不拥有公务机的所有权,通常是在服务后收取一定比例的代理服务费。由于不同地区地域的限制,地面代理公司难以满足自驾飞行模式的系统化和全方位无缝隙衔接服务。此外,代理业务并不算是公务航空企业的主营业务。

整机包租在很大程度上属于定期航班的业务扩展,它可以算作是公务航空发展的萌芽期,也就是被看作为公务航空发展最为早期的阶段,也是最古老的公务机的业务操作模式。整机包租主要是指公务航空公司以自己购买或者通过融资或经营租赁方式获得的公务机提供定期或者不定期包机运输服务。公务航空公司则根据客户包租期限及小时数,给予相应的价格及优惠。虽然飞机包租具有很大的便捷性,但是,由于其高昂的包机成本,该种运营模式只适合短期经营。

飞机托管是指由一家或多家法人或一人或多人共同出资购买公务航空器,拥有航空器所有权的团体通过委托管理协议将公务航空器交给拥有资深管理、运营能力的管理公司负责日常管理工作并运营,且再由受托人向委托用户提供针对性的公务机维护和飞行服务。该种运营模式不仅为公务机所有人避免了陌生且烦琐的运营、维修管理,提高了公务机的利用率,实现资源的有效配置和最大限度的额外收益。

产权共享是对"部分拥有"概念的延伸和发展,是公务航空业务发展到一定规模的产物,也是公务航空跨越式发展和规模性收益的保障。该模式是有需要公务机服务的公司出资以股份(购买 1/16、1/8 或 1/4 的产权)的形式购买航空运输企业拥有过所有权的公务机,获得相应产权比例飞行小时数的使用权,且购买者可以转让自己所属产权。该种运营方式可以为航空器所有人免去维护、飞行烦琐事务,并可以享受到较低费用支出下的专业化、全面化的服务,更可以避免飞机的日常管理成本,提高资金的利用率,实现资源的有效利用和配置。

6.2 公务航空安全风险指标体系

6.2.1 公务航空安全风险指标体系构建思路

构建科学的指标体系需要正确、全面的选取具有代表性的、能够真实反映公务航空安全状况的风险指标。本小节通过研读、分析相关资料,梳理工作程序,结合公务航空运行安全风险特征,在吸收前沿相关研究成果后,从安全管理、飞行运行、维修保障、运行保障4个方面选取公司航空安全风险因素,并构建指标体系。指标体系构建过程大致可以分为理论准备、因素识别、因素分析和指标建立4个阶段。指标体系构建思路如图6-5所示。

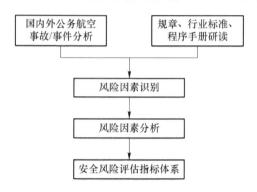

图6-5 公务航空安全风险指标体系构建思路

（1）理论基础准备阶段

通过研读民航规章、行业标准、公司飞行、运控管理手册程序,提取与公务航空公司运行安全相关的规定、标准及要求,并作广度和深度分析研究;从公务航空公司获取不安全事件/事故材料,用FRAM模型分析发生原因;了解国内外最新风险因素集的构建思想和各领域风险因素集的构建思路,吸取最新研究成果。

（2）风险因素识别阶段

在实际调研公务航空公司时,利用预先制作的网络问卷和纸质问卷,对公务航空运行特点、工作薄弱环节、隐患风险等进行调查;在分析相关不安全事件/事故的基础上,从风险可能性和严重性角度,梳理安全风险因素;通过整理分析各个问题,再以规章、手册等为依据,采用头脑风暴法,初步筛选出影响公务航空安全的风险因素。

（3）风险因素分析阶段

风险因素分析阶段主要是对初选出的风险因素进行原因分析,通过座谈方式向专家进行专业咨询,并对每一项风险因素可能造成的后果进行定性分析。最后根据专家意见反复对初选因素进行甄选、归纳,最终确定公务航空安全风险因素。

（4）风险指标建立阶段

经专家验证后的风险因素需要按照一定的层次结构建立指标体系,本节按照目标层、准则层和指标层三个层级,从安全管理、飞行运行、维修保障、运行保障4个方面建立公务航空安全风险评估指标体系。

6.2.2 公务航空安全风险评价指标体系的建立

通过分析公务航空事故/事件,结合民航规章、咨询通告及公司工作程序,识别导致公务航空不安全事件/事故发生的风险因素。邀请公务航空飞行、运控、安全、维修等部门相关负责人员组成专家组,对所辨识出的风险因素进行反复讨论和斟酌。

在吸收专家经验知识后,根据最新指标体系建立思想,分别建立以公务航空安全风险水平为目标层 X,以安全管理、飞行运行、维修保障、运行保障为要素层 Y,以各风险因素为指标层 Z 的安全风险指标体系,建立公务航空安全风险指标体系,如图 6-6 所示。本小节选择一级指标作为评估指标。

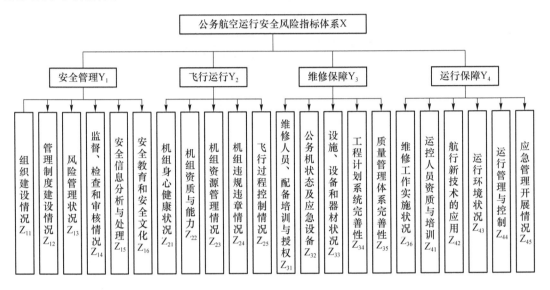

图 6-6 公务航空运行安全风险指标体系

6.3 公务航空安全风险评估系统检查单

6.3.1 公务航空安全风险评估系统检查单编制说明

为客观评价某公司公务航空安全风险状况,发现运行过程中的薄弱环节,本小节以公务航空安全风险指标体系为基础,通过检查单对某公务航空公司进行检查,根据检查数据量化该公司公务航空安全风险,为公务航空安全风险评估提供数据支撑。

检查员利用检查单进行检查时,需要根据实际工作流程选取检查内容。因此,检查单的设计是由单位选择、合同签订及工作实施三个要素组成,各要素由模块组成,所有模块由检查项目组成,检查项目是评估系统进行评分的基本要素。

一个评估系统能否得到应用推广,除了需要系统设计科学、评估项目全面外,还应有检查方式简单可行、检查评估客观、公正的特点。为此,评估系统设计了 5 种检查方式,以避免单一检查方式带来的片面性。各模块中各个检查项目通过 5 种检查方式(或其中部分检查方式)进行检查。

A. 报告表：报告表由被评估单位填写，并由评估检查组复查。该表反映被评估单位自然状况，培训状况，以及年度内发生的主要问题、工作质量。

B. 座谈：按照评估工作安排，分别召开由干部和群众参加的座谈会，检查员按照检查单提示进行提问和座谈，并做好详细记录，作为评估分数依据。

C. 实地检查：由检查组指派检查员按照评估系统提供的检查单深入基层单位进行实地检查。

D. 个人意见单：系统给出了单位个人意见单。本单位个人意见单分发给到各个基层个人意见单，由相关单位对评估单位的安全保障能力、安全现状进行评估。

E. 查阅资料：评估组检查员根据检查项目查阅被评估单位的各种资料，通过查阅相关资料对相关内容进行评估检查。

为了便于操作，检查员根据评分标准，以扣分形式对各个检查项目进行评分。最后根据检查结果，计算扣除的分数，并将扣分与基分相加得到该检查项目分数。评估项目编码原则：每个评估项目采用4位数字编码。第1位数字表示检查组类别：维修单位（0）、机体维修（1）、维修工程管理（2）；第2位数字表示要素：人员子系统（1）、软硬件子系统（2）、环境子系统（3）、管理子系统（4）；第3位数字表示模块编号；第4位数字表示项目编号，第4位数字为0编码的为模块名称。

公务航空安全风险评估系统检查单主要由安全管理检查单、飞行运行安全检查单、维修保障安全检查单、运行保障安全检查单4个方面组成。其中，安全管理检查单包括：个人意见单、基本情况报表、安全管理系统评估项目；飞行运行安全检查单包括：个人意见单、基本情况报表、飞行运行系统评估项目；维修保障安全检查单包括：个人意见单、基本情况报表、维修保障系统评估项目；运行保障安全检查单包括：个人意见单、基本情况报表、运行保障系统评估项目。公务航空安全风险评估系统检查单组成结构见图6-7。

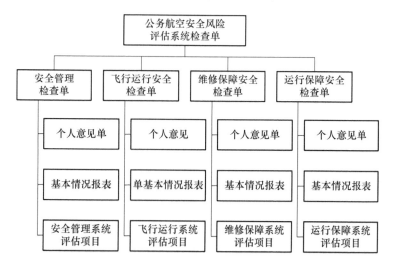

图6-7 公务航空安全风险评估系统检查单组成

6.3.2 公务航空安全风险评估系统检查单的内容

由于公务航空安全风险评估系统需要检查的项目众多,每个检查项目可通过对应的法律法规进行评判。检查员可根据制定的评分标准,以扣分形式对各个检查项目进行评分,最后根据检查结果,计算扣除的分数,并将扣分与基分相加得到该检查项目分数。但考虑到,每项检查指标都需要参考相应的法规标准去打分,打分细则的制定十分复杂,因此,这里不对其进行说明。此外,鉴于安全管理检查单、飞行运行安全检查单、维修保障安全检查单、运行保障安全检查单等的建立原则和程序类似,因此,本教材对其中之一的安全管理检查单的部分内容做如下介绍,其他项目检查单的制作程序与此类似。表 6-2 列举了安全管理检查单的部分内容。

表 6-2 安全管理检查单(部分)

代码	要 点	评估方法	适用范围
1100	组织建设	—	—
1110	思想建设	—	—
1111	公司领导重视安全工作,坚持安全第一、预防为主、综合治理的工作方针	B、D	公司领导
1112	公司总裁/安全总监以主要精力抓好安全工作;分管飞行、维修、运控的副总裁以全部精力抓好运行安全工作	B、C、E	公司总裁/安全总监
1113	公司办公会或安委会每月(集团公司每季度)定期分析安全形势,采取有效措施解决问题并有记录	B、C、E	公司办公会或安委会
1114	正职了解年内公司严重差错以上的问题,对公司安全形势存在问题心中有数;分管领导对分管部门的安全问题有更细、更深入的了解,并积极参与解决问题	B、C、E	公司领导
1115	企业有没有出现行政干预技术规范而导致偏离技术标准的行为	B、C、E	公司/部门领导
1116	有没有以牺牲安全余度换取最大收益的行为	B、C、E	公司/部门领导
1117	各机关职能部门领导懂安全管理,熟悉本部门的安全规章	B、C、E	公司/部门领导
1118	职工熟知本岗位的安全规章和操作注意事项	B、C、E	各运行部门
1120	组织机构	—	—
1121	有由 CAAC 颁发的航空营运人证书。证书及相关文件必须明确说明其目前的经营范围及其相关负责的高级管理人员	B、C、E	公司
1122	公司总经理对运营负总责,包括本单位的安全生产、调配资源、经费,贯彻和执行公司的政策和运营程序;当总经理缺席时,应有指定的替代人员临时执行其职责	B、C、E	公司总经理
1123	公司机构健全,设置合理,各部门职责明确	B、C、E	公司
1124	有管理程序来保证与 CAAC、地区管理局、地方办公室等管理机构就与安全相关的问题进行沟通	B、C、E	安监部、各运行部门
1125	各部门负责人应具有能胜任其工作的能力(相应的知识、经验、资格、技能及身体条件,有相应的培训政策保证其满足规定的要求)	B、C、E	安监部、各运行部门
1126	有程序保证各管理机构有充足的资源来保障公司的安全运营,确定与运营相关的外部单位能达到安全的要求	B、C、E	

续表 6-2

代 码	要 点	评估方法	适用范围
1130	安全管理人员	—	—
1131	按规定配齐充足的安全监察人员	B、C、E	安监部、各运行部门
1132	监察员按公司规定经过相关培训并获得资格;有相适应的资格和证件,在职在岗能够履行安监职能;有适当的安全基金。按规定配置了必要的设备	B、C、E	安监部、各运行部门
1133	按规定配齐充足的安全信息管理人员	B、C、E	安监部
1200	管理制度建设	—	—
1210	手册、程序和标准管理总要求	—	—

6.4 公务航空安全风险指标权重

6.4.1 主观权重计算

借助民航局安全能力建设项目,邀请到8位具有丰富经验的专家,在第四次安全风险研讨会上,通过发放问卷对公务航空安全风险评估指标进行评判打分。本次会议共发放问卷8份,回收8份,在对问卷数据进行统计并作均值化处理后,得到最终的专家评判数据。最后以此数据为基础,计算各个指标权重。

1. 建立模糊判断矩阵

对回收的8份问卷进行统计,并对数据进行均值化处理,分别得到准则层因素和指标层因素的模糊判断矩阵。

① 准则层因素模糊判断矩阵:

$$Y = \begin{bmatrix} 0.5 & 0.6 & 0.6 & 0.6 \\ 0.4 & 0.5 & 0.5 & 0.7 \\ 0.4 & 0.5 & 0.5 & 0.6 \\ 0.4 & 0.3 & 0.4 & 0.5 \end{bmatrix}$$

② 指标层因素模糊判断矩阵:

$$Y_1 = \begin{bmatrix} 0.5 & 0.4 & 0.2 & 0.3 & 0.5 & 0.4 \\ 0.6 & 0.5 & 0.4 & 0.4 & 0.6 & 0.5 \\ 0.8 & 0.6 & 0.5 & 0.6 & 0.6 & 0.5 \\ 0.7 & 0.6 & 0.4 & 0.5 & 0.6 & 0.5 \\ 0.5 & 0.4 & 0.4 & 0.4 & 0.5 & 0.4 \\ 0.6 & 0.5 & 0.5 & 0.5 & 0.6 & 0.5 \end{bmatrix}$$

$$Y_2 = \begin{bmatrix} 0.5 & 0.4 & 0.5 & 0.3 & 0.4 \\ 0.6 & 0.5 & 0.6 & 0.4 & 0.5 \\ 0.6 & 0.4 & 0.5 & 0.6 & 0.4 \\ 0.7 & 0.6 & 0.4 & 0.5 & 0.7 \\ 0.6 & 0.5 & 0.6 & 0.3 & 0.5 \end{bmatrix}$$

$$Y_3 = \begin{bmatrix} 0.5 & 0.8 & 0.5 & 0.6 & 0.5 & 0.6 \\ 0.2 & 0.5 & 0.4 & 0.3 & 0.3 & 0.5 \\ 0.5 & 0.6 & 0.5 & 0.4 & 0.4 & 0.4 \\ 0.4 & 0.7 & 0.6 & 0.5 & 0.5 & 0.6 \\ 0.5 & 0.7 & 0.6 & 0.5 & 0.5 & 0.4 \\ 0.4 & 0.5 & 0.6 & 0.4 & 0.6 & 0.5 \end{bmatrix}$$

$$Y_4 = \begin{bmatrix} 0.5 & 0.7 & 0.6 & 0.5 & 0.5 \\ 0.3 & 0.5 & 0.4 & 0.4 & 0.4 \\ 0.4 & 0.6 & 0.5 & 0.2 & 0.4 \\ 0.5 & 0.6 & 0.8 & 0.5 & 0.5 \\ 0.5 & 0.6 & 0.6 & 0.5 & 0.5 \end{bmatrix}$$

2. 计算各因素权重

根据第 5 章公式(5-5)求得各层级的模糊一致矩阵,并按公式(5-6)计算得出各层级因素相对于上一层级因素的权重。

(1) 准则层因素权重
$$W = (0.266\ 7, 0.255\ 6, 0.250\ 0, 0.227\ 8)$$

(2) 指标层因素权重

① "安全管理"模块各指标权重:
$$W_1 = (0.152\ 7, 0.166\ 7, 0.178\ 7, 0.172\ 7, 0.158\ 7, 0.170\ 7)$$

② "飞行机组"模块各指标权重:
$$W_2 = (0.187\ 5, 0.203\ 1, 0.196\ 9, 0.212\ 5, 0.200\ 0)$$

③ "维修保障"模块各指标权重:
$$W_3 = (0.176\ 7, 0.150\ 7, 0.162\ 7, 0.172\ 7, 0.170\ 7, 0.166\ 7)$$

④ "飞行运行"各指标权重:
$$W_4 = (0.209\ 4, 0.184\ 4, 0.187\ 5, 0.212\ 5, 0.206\ 3)$$

3. 计算特征矩阵并进行一致性检验

根据上述指标权重,再根据公式(5-8)分别计算准则层因素和指标层因素模糊判断矩阵的特征矩阵,并进行一致性检验。

① 准则层因素模糊判断矩阵的特征矩阵如下:

$$w^* = \begin{bmatrix} 0.5 & 0.510\ 6 & 0.516\ 1 & 0.539\ 3 \\ 0.489\ 4 & 0.5 & 0.505\ 5 & 0.528\ 7 \\ 0.483\ 9 & 0.494\ 5 & 0.5 & 0.523\ 3 \\ 0.460\ 7 & 0.460\ 7 & 0.476\ 7 & 0.5 \end{bmatrix}$$

根据公式(5-9)计算相容性指标:$I=0.0904<0.1$,通过一致性检验。

② 指标层因素模糊判断矩阵的特征矩阵如下:

$$w_1^* = \begin{bmatrix} 0.5 & 0.4781 & 0.4608 & 0.4693 & 0.4904 & 0.4722 \\ 0.5219 & 0.5 & 0.4826 & 0.4912 & 0.5123 & 0.4941 \\ 0.5392 & 0.5174 & 0.5 & 0.5085 & 0.5296 & 0.5115 \\ 0.5307 & 0.5088 & 0.4915 & 0.5 & 0.5211 & 0.5029 \\ 0.5096 & 0.4877 & 0.4704 & 0.4789 & 0.5 & 0.4818 \\ 0.5278 & 0.5059 & 0.4885 & 0.4971 & 0.5182 & 0.5 \end{bmatrix}$$

相容性指标:$I_1=0.0925<0.1$,通过一致性检验。

$$w_2^* = \begin{bmatrix} 0.5 & 0.4800 & 0.4878 & 0.4688 & 0.4839 \\ 0.5200 & 0.5 & 0.5078 & 0.4887 & 0.5039 \\ 0.5122 & 0.4922 & 0.5 & 0.4809 & 0.4961 \\ 0.5313 & 0.5113 & 0.5191 & 0.5 & 0.5152 \\ 0.5161 & 0.4961 & 0.5039 & 0.4848 & 0.5 \end{bmatrix}$$

相容性指标:$I_2=0.0531<0.1$,通过一致性检验。

$$w_3^* = \begin{bmatrix} 0.5 & 0.5397 & 0.5206 & 0.5057 & 0.5086 & 0.5146 \\ 0.4603 & 0.5 & 0.4809 & 0.4660 & 0.4689 & 0.4748 \\ 0.4794 & 0.5191 & 0.5 & 0.4851 & 0.4880 & 0.4939 \\ 0.4943 & 0.5340 & 0.5149 & 0.5 & 0.5029 & 0.5088 \\ 0.4914 & 0.5311 & 0.5120 & 0.4971 & 0.5 & 0.5059 \\ 0.4854 & 0.5252 & 0.5061 & 0.4912 & 0.4941 & 0.5 \end{bmatrix}$$

相容性指标:$I_3=0.0965<0.1$,通过一致性检验。

$$w_4^* = \begin{bmatrix} 0.5 & 0.5317 & 0.5276 & 0.4963 & 0.5038 \\ 0.4683 & 0.5 & 0.4958 & 0.4646 & 0.4720 \\ 0.4724 & 0.5042 & 0.5 & 0.4688 & 0.4762 \\ 0.5037 & 0.5354 & 0.5313 & 0.5 & 0.5075 \\ 0.4962 & 0.5280 & 0.5238 & 0.4925 & 0.5 \end{bmatrix}$$

相容性指标:$I_4=0.0747<0.1$,通过一致性检验。

4. 计算各指标权重

根据公式(5-10)计算出最底层指标相对于最高目标层的重要性权值。公务航空安全各风险主观指标权重如表6-3所列。

表6-3 公务航空安全风险指标主观权重值

权重	Z_{11}	Z_{12}	Z_{13}	Z_{14}	Z_{15}	Z_{16}	Z_{21}	Z_{22}	Z_{23}	Z_{24}	Z_{25}
权重值	0.0407	0.0445	0.0476	0.0460	0.0423	0.0455	0.0479	0.0519	0.0503	0.0543	0.0511
权重	Z_{31}	Z_{32}	Z_{33}	Z_{34}	Z_{35}	Z_{36}	Z_{41}	Z_{42}	Z_{43}	Z_{44}	Z_{45}
权重值	0.0442	0.0377	0.0407	0.0432	0.0427	0.0417	0.0477	0.0420	0.0427	0.0484	0.0470

6.4.2 客观权重计算

根据事故分析的结果,对国内外所统计的 2011—2018 年的公务航空相关事故事件原因进行综合统计,结果见图 6-8。

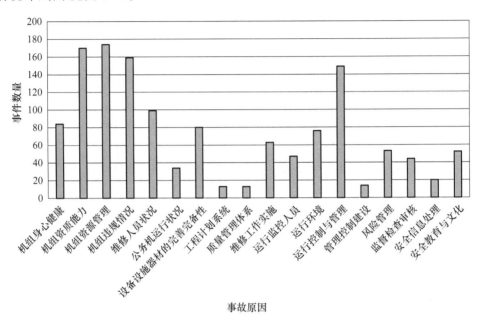

图 6-8 事故数据所得统计结果

根据数据统计,按照每两年的原因因素相关数据为一个方案建立熵权评判矩阵,构建 4 个方案 19 个指标的评判矩阵如下:

$$R = \begin{bmatrix} 1 & 4 & 5 & 2 & 5 & 7 & 12 & 7 & 16 & 10 & 4 & 7 & 8 & 1 & 2 & 5 & 7 & 11 & 6 & 7 & 2 \\ 4 & 11 & 10 & 6 & 9 & 13 & 30 & 13 & 29 & 22 & 16 & 10 & 18 & 4 & 3 & 8 & 10 & 14 & 18 & 13 & 9 \\ 4 & 14 & 18 & 8 & 15 & 26 & 42 & 26 & 53 & 39 & 25 & 11 & 24 & 3 & 4 & 17 & 6 & 7 & 33 & 40 & 12 \\ 5 & 18 & 11 & 4 & 23 & 38 & 65 & 38 & 61 & 32 & 30 & 11 & 30 & 5 & 5 & 24 & 13 & 15 & 53 & 63 & 14 \end{bmatrix}$$

进行矩阵归一化,得到标准化后的矩阵为

$$B = \begin{bmatrix} 0 & 0 & 0 & 0 & 0 & 0 & 0 & 0 & 0 & 0 & 0 \\ 0.750 & 0.500 & 0.385 & 0.667 & 0.222 & 0.108 & 0.340 & 0.194 & 0.289 & 0.414 & 0.462 \\ 0.750 & 0.714 & 1 & 1 & 0.556 & 0.405 & 0.566 & 0.613 & 0.822 & 1 & 0.808 \\ 1 & 1 & 0.462 & 0.333 & 1 & 1 & 1 & 1 & 1 & 0.759 & 1 \\ 0 & 0 & 0 & 0 & 0 & 0.143 & 0.500 & 0 & 0 & 0 \\ 0.750 & 0.455 & 0.750 & 0.333 & 0.158 & 0.571 & 0.875 & 0.255 & 0.107 & 0.583 \\ 1 & 0.727 & 0.500 & 0.667 & 0.632 & 0 & 0 & 0.574 & 0.589 & 0.833 \\ 1 & 1 & 1 & 1 & 1 & 1 & 1 & 1 & 1 & 1 \end{bmatrix}$$

根据公式(5-13)确定信息熵 H:

$$H = \begin{pmatrix} 0.9790, 0.9790, 0.9787, 0.9773, 0.9758, 0.9726, 0.9781, 0.9746, 0.9744, 0.9777, \\ 0.9777, 0.9765, 0.9785, 0.9787, 0.9773, 0.9773, 0.9774, 0.9772, 0.9776, 0.9772, \\ 0.9764, 0.9720, 0.9783 \end{pmatrix}$$

根据公式(5-14)确定最终各指标权重如下：

$$W = \begin{pmatrix} 0.0425, 0.0425, 0.0432, 0.0459, 0.0491, 0.0554, 0.0444, 0.0515, 0.0519, 0.0452, \\ 0.0452, 0.0476, 0.0436, 0.0432, 0.0459, 0.0540, 0.0539, 0.0463, 0.0477, 0.0568, \\ 0.0439 \end{pmatrix}$$

用熵权法所得各个指标的客观权重如表6-4所列。

表6-4 熵权法所得权重计算结果

风险因素	权重	风险因素	权重
管理制度建设	0.0425	设备设施和器材	0.0436
风险管理	0.0425	工程计划系统	0.0432
监督检查审核	0.0432	质量管理体系	0.0459
安全信息处理	0.0459	维修工作实施	0.0541
安全教育和培训	0.0491	运行控制人员	0.0540
机组身心健康	0.0554	航行新技术的应用	0.0463
机组资质与能力	0.0444	运行环境	0.0477
机组资源管理	0.0515	运行控制和管理	0.0568
机组违规情况	0.0519	应急管理	0.0439
飞行过程控制	0.0452	工程计划系统	0.0432
维修人员	0.0452	质量管理体系	0.0459
公务机运行状况	0.0476	维修工作实施	0.0541

6.4.3 综合权重计算

根据事故数据所得的权重依赖于客观数据，但是只是包括了一部分的风险。根据模糊层次法所得的权重有一定的主观性，所以需要运用灰色关联度法来进行综合赋权。计算时，机载航行新技术的运用、老旧飞机可靠性管理、机务跟机飞行情况这三项没有在事故中体现，在事故中权重取0.01%，根据公式(5-3)进行综合赋权。

1. 计算参考权重向量

$$w_0^*(1) = \frac{(w_{11})^{1/2} \cdot (w_{21})^{1/2}}{(w_{11})^{1/2} \cdot (w_{21})^{1/2} + (w_{12})^{1/2} \cdot (w_{22})^{1/2} + \cdots + (w_{1_{22}})^{1/2} \cdot (w_{2_{22}})^{1/2}} = 0.0407$$

$$w_0^*(2) = \frac{(w_{12})^{1/2} \cdot (w_{22})^{1/2}}{(w_{11})^{1/2} \cdot (w_{21})^{1/2} + (w_{12})^{1/2} \cdot (w_{22})^{1/2} + \cdots + (w_{1_{22}})^{1/2} \cdot (w_{2_{22}})^{1/2}} = 0.0446$$

……

$w_0^*(3) = 0.0460$；$w_0^*(4) = 0.0456$；$w_0^*(5) = 0.0451$；$w_0^*(6) = 0.0484$；$w_0^*(7) = 0.0527$；
$w_0^*(8) = 0.0491$；$w_0^*(9) = 0.0521$；$w_0^*(10) = 0.0543$；$w_0^*(11) = 0.0492$；$w_0^*(12) = 0.0457$；

$w_0^*(13)=0.0443; w_0^*(14)=0.0430; w_0^*(15)=0.0441; w_0^*(16)=0.0453; w_0^*(17)=0.0485;$
$w_0^*(18)=0.0519; w_0^*(19)=0.0451; w_0^*(20)=0.0462; w_0^*(21)=0.0536; w_0^*(22)=0.0464$

2. 灰色关联集的建立

设定$(\omega_0^*, \omega_1, \omega_2, \omega_3 \cdots\cdots \omega_{19})$为一个因素集合，$\omega_0^*$是参考序列，剩下的序列都是比较序列。

3. 绝对差序列的计算

计算得到比较序列和参考序列的绝对差数列，其中k取值为1和2。

$\Delta_{01}(1)=|w_0^*(1)-|w_1^*(1)||=0$ $\Delta_{02}(1)=|w_0^*(1)-|w_2^*(1)||=0.04071$

$\Delta_{01}(2)=|w_0^*(2)-|w_1^*(2)||=0.00002$ $\Delta_{02}(2)=|w_0^*(2)-|w_2^*(2)||=0.00193$

$\Delta_{01}(3)=0.00162$ $\Delta_{02}(3)=0.00351$

$\Delta_{01}(4)=0.00041$ $\Delta_{02}(4)=0.00239$

$\Delta_{01}(5)=0.00276$ $\Delta_{02}(5)=0.00084$

$\Delta_{01}(6)=0.00284$ $\Delta_{02}(6)=0.00078$

$\Delta_{01}(7)=0.00477$ $\Delta_{02}(7)=0.00272$

$\Delta_{01}(8)=0.00281$ $\Delta_{02}(8)=0.00468$

$\Delta_{01}(9)=0.00174$ $\Delta_{02}(9)=0.00055$

$\Delta_{01}(10)=0.00003$ $\Delta_{02}(10)=0.00240$

$\Delta_{01}(11)=0.00193$ $\Delta_{02}(11)=0.00393$

$\Delta_{01}(12)=0.00154$ $\Delta_{02}(12)=0.00047$

$\Delta_{01}(13)=0.00565$ $\Delta_{02}(13)=0.00432$

$\Delta_{01}(14)=0.00238$ $\Delta_{02}(14)=0.00053$

$\Delta_{01}(15)=0.00097$ $\Delta_{02}(15)=0.00098$

$\Delta_{01}(16)=0.00259$ $\Delta_{02}(16)=0.00065$

$\Delta_{01}(17)=0.00687$ $\Delta_{02}(17)=0.00553$

$\Delta_{01}(18)=0.00419$ $\Delta_{02}(18)=0.00209$

$\Delta_{01}(19)=0.00308$ $\Delta_{02}(19)=0.00119$

$\Delta_{01}(20)=0.00347$ $\Delta_{02}(20)=0.00157$

$\Delta_{01}(21)=0.00521$ $\Delta_{02}(21)=0.00318$

$\Delta_{01}(22)=0.00056$ $\Delta_{02}(22)=0.00255$

4. 关联系数的计算

根据上述计算得到的$\Delta_{0k}(j)$，最大值记为$\Delta_{\max}$，最小值为$\Delta_{\min}$，计算关联系数如下，其中ρ为分辨率，一般取值0.5。

$$\gamma_{01}(1)=\frac{0+0.5\times 0.0407111}{0+0.5\times 0.0407111}=1;$$

$\gamma_{01}(2)=0.9992; \gamma_{01}(3)=0.9262; \gamma_{01}(4)=0.9800; \gamma_{01}(5)=0.8807; \gamma_{01}(6)=0.8774;$
$\gamma_{01}(7)=0.8100; \gamma_{01}(8)=0.8789; \gamma_{01}(9)=0.9213; \gamma_{01}(10)=0.9983; \gamma_{01}(11)=0.9132;$
$\gamma_{01}(12)=0.9295; \gamma_{01}(13)=0.7828; \gamma_{01}(14)=0.8954; \gamma_{01}(15)=0.9546; \gamma_{01}(16)=0.8871;$
$\gamma_{01}(17)=0.7477; \gamma_{01}(18)=0.8292; \gamma_{01}(19)=0.8685; \gamma_{01}(20)=0.8545; \gamma_{01}(21)=0.7962;$

$\gamma_{01}(22) = 0.9734$

$\gamma_{02}(1) = \dfrac{0 + 0.5 \times 0.040\,711}{0.040\,711 + 0.5 \times 0.040\,711} = 0.3333;$

$\gamma_{02}(2) = 0.9135; \gamma_{02}(3) = 0.8529; \gamma_{02}(4) = 0.8951; \gamma_{02}(5) = 0.9604; \gamma_{02}(6) = 0.9632;$

$\gamma_{02}(7) = 0.8822; \gamma_{02}(8) = 0.8130; \gamma_{02}(9) = 0.9735; \gamma_{02}(10) = 0.8944; \gamma_{02}(11) = 0.8383;$

$\gamma_{02}(12) = 0.9774; \gamma_{02}(13) = 0.8249; \gamma_{02}(14) = 0.9748; \gamma_{02}(15) = 0.9540; \gamma_{02}(16) = 0.9690;$

$\gamma_{02}(17) = 0.7864; \gamma_{02}(18) = 0.9067; \gamma_{02}(19) = 0.9446; \gamma_{02}(20) = 0.9285; \gamma_{02}(21) = 0.8650;$

$\gamma_{02}(22) = 0.8885$

5. 关联度的计算

计算比较序列对于参考序列的关联度

$$\gamma_{0k} = \dfrac{1}{n} \cdot \sum_{j=1}^{n} \gamma_{0k}(j)$$

$$\gamma_{01} = \dfrac{1}{22}(\gamma_{01}(1) + \gamma_{01}(2) + \cdots + \gamma_{01}(22)) = 0.8956$$

$$\gamma_{02} = \dfrac{1}{22}(\gamma_{02}(1) + \gamma_{02}(2) + \cdots + \gamma_{02}(22)) = 0.8791$$

6. 权系数的计算

$$\alpha_1 = \dfrac{\gamma_{01}}{\sum\limits_{i=1}^{2} \gamma_{0k}} = 0.5047$$

$$\alpha_2 = \dfrac{\gamma_{02}}{\sum\limits_{i=1}^{2} \gamma_{0k}} = 0.4953$$

权系数 α_1 为事故数据所得权重的比重,α_2 为模糊层次法所得权重的比重,根据第5章的式(5-16)计算可得到最终的综合赋权值。

两者综合赋权之后最终的权重结果见表6-5。

表6-5 综合权重计算结果

风险因素	权重	排序	风险因素	权重	排序
组织建设情况 Z_{11}	0.0205	22	维修人员、配备培训与授权 Z_{31}	0.0447	13
管理制度建设情况 Z_{12}	0.0434	19	公务机运行及应急设备 Z_{32}	0.0426	20
风险管理状况 Z_{13}	0.0451	12	设备、设施和器材状况 Z_{33}	0.0421	21
监督、检查和审核情况 Z_{14}	0.0447	14	工程计划系统完整性 Z_{34}	0.0435	18
安全信息分析与处理 Z_{15}	0.0441	17	质量管理体系完善性 Z_{35}	0.0443	15
安全教育和安全文化 Z_{16}	0.0473	9	维修工作实施状况 Z_{36}	0.0478	8
机组身心健康状况 Z_{21}	0.0516	3	运行控制人员资质与培训 Z_{41}	0.0508	5
机组资质与能力 Z_{22}	0.0482	7	航行新技术的应用 Z_{42}	0.0441	16
机组资源管理情况 Z_{23}	0.0509	4	运行环境状况 Z_{43}	0.0452	11
机组违规违章情况 Z_{24}	0.0531	1	运行管理与控制 Z_{44}	0.0526	2
飞行过程控制情况 Z_{25}	0.0482	6	应急管理开展情况 Z_{45}	0.0454	10

按照公式(5-20)确定一级指标权重,如表6-6所列。

表6-6 一级指标综合权重计算结果

风险因素	权重
安全管理	0.2535
飞行机组	0.2497
维修保障	0.2583
飞行运行	0.2385

6.5 某公务航空公司安全风险评估

本节以公务航空安全风险指标体系为评估标准,通过编制公务航空安全检查单收集实际数据,并运用灰色模糊综合评估模型,对某公务航空公司安全风险状况进行综合评估,以发现该公司实际存在的安全隐患和薄弱环节。

6.5.1 检查数据收集与整理

为定量评估该公务航空公司安全风险状况,下设三个检查组,各个检查组利用公务航空安全风险检查单,按照所属模块及相关检查项目,对该公务航空公司某一段时间内的安全风险状况进行检查。检查结束后,由专人统一收集各检查组的检查结果,同时对检查评分进行汇总,并计算得出各个模块(风险指标)的综合得分。在经过10分制换算后,各个指标最终得分统计,如表6-7所列。

表6-7 公务航空安全风险指标检查得分

指标层	专家1	专家2	专家3	专家4	专家5
组织建设情况 Z_{11}	3.57	3.56	3.92	4.78	3.46
管理制度建设情况 Z_{12}	5.50	3.32	3.04	6.27	4.86
风险管理状况 Z_{13}	2.64	2.97	1.50	3.17	3.00
监督、检查和审核情况 Z_{14}	2.67	2.81	1.86	4.51	3.11
安全信息分析与处理 Z_{15}	3.38	1.33	1.19	4.74	2.70
安全教育和安全文化 Z_{16}	3.08	2.43	2.21	3.74	3.38
机组身心健康状况 Z_{21}	6.00	3.22	4.94	6.44	6.44
机组资质与能力 Z_{22}	2.75	4.73	2.15	7.18	3.06
机组资源管理情况 Z_{23}	4.05	3.93	3.60	5.88	4.14
机组违规违章情况 Z_{24}	5.17	4.72	4.39	7.89	5.00
飞行过程控制情况 Z_{25}	3.49	3.14	2.00	4.62	3.54
维修人员、配备培训与授权 Z_{31}	2.44	2	4.33	7.36	1.33
公务机运行及应急设备 Z_{32}	0.84	1.27	0.86	2.60	1.51
设备、设施和器材状况 Z_{33}	3.16	3.17	3.58	7.33	1.67

续表 6-7

指标层	专家1	专家2	专家3	专家4	专家5
工程计划系统完善性 Z_{34}	2.60	2.93	3.80	9.30	1.73
质量管理体系完善性 Z_{35}	3.51	2.13	3.18	5.31	2.49
维修工作实施状况 Z_{36}	1.98	1.41	1.60	2.40	2.48
运行控制人员资质与培训 Z_{41}	1.50	2.25	2.25	3.33	0.83
航行新技术的应用 Z_{42}	1.83	2.67	1.00	7.50	4.00
运行环境状况 Z_{43}	2.50	1.67	3.00	5.83	3.33
运行管理与控制 Z_{44}	2.33	2.23	1.90	6.13	3.54
应急管理开展情况 Z_{45}	3.60	1.70	1.25	4.10	2.35

6.5.2 计算灰色评价系数

将公务航空安全风险指标检查得分,带入5个等级的灰类白化权函数(式5-29)～(5-33),并根据式(5-34)计算得到各个评价指标属于第 e 个灰类的灰色评价系数,如表6-8所列。

表6-8 各个指标灰色评价系数

灰色评价系数	$e=1$	$e=2$	$e=3$	$e=4$	$e=5$
n_{11e}	1.528	3.569	3.858	2.756	2.143
n_{12e}	0.945	2.427	3.956	2.284	2.554
n_{13e}	2.930	4.313	2.656	1.897	1.476
n_{14e}	2.510	3.907	2.992	2.137	1.662
n_{15e}	2.915	3.033	2.668	1.906	1.482
n_{16e}	2.540	4.147	2.963	2.120	1.649
n_{21e}	0.460	1.260	3.856	3.863	3.004
n_{22e}	1.828	3.037	3.102	2.787	2.208
n_{23e}	1.070	2.800	3.968	3.881	2.400
n_{24e}	0.223	1.573	4.210	3.627	3.019
n_{25e}	2.053	3.737	3.358	2.399	1.866
n_{31e}	2.475	2.480	2.548	2.391	1.940
n_{32e}	4.405	2.360	1.416	1.011	0.787
n_{33e}	2.105	3.253	2.850	2.607	2.101
n_{34e}	2.235	3.153	2.352	2.251	2.196
n_{35e}	2.173	3.310	3.200	2.374	1.847
n_{36e}	3.783	3.290	1.974	1.410	1.097
n_{41e}	3.668	3.387	2.032	2.374	1.129
n_{42e}	2.625	2.500	2.400	2.286	1.889
n_{43e}	2.375	3.337	2.934	2.333	1.814
n_{44e}	2.500	2.973	2.774	2.304	1.792
n_{45e}	3.000	3.200	2.600	1.857	1.444

再根据式(5-35)计算得出各个指标在各评价灰类的总灰色评价系数,如表6-9所列。

表6-9 各个指标在各评价灰类的总灰色评价系数

系 数	x_{11}	x_{12}	x_{13}	x_{14}	x_{15}	x_{16}	x_{21}	x_{22}	x_{23}	x_{24}	x_{25}
数 值	13.854	13.167	13.272	13.208	12.004	13.424	12.463	12.961	14.119	12.652	13.411
系 数	x_{31}	x_{32}	x_{33}	x_{34}	x_{35}	x_{36}	x_{41}	x_{42}	x_{43}	x_{44}	x_{45}
数 值	11.834	9.979	12.917	12.187	12.904	11.553	12.589	11.700	12.793	12.344	12.102

6.5.3 确定风险评价权矩阵

根据式(5-36),计算得出各个指标的灰色评价权向量,然后按照准则层因素,建立灰色评价权矩阵。

① "管理因素"灰色评价权矩阵:

$$\boldsymbol{R}_1 = \begin{bmatrix} 0.1103 & 0.2576 & 0.2785 & 0.1989 & 0.1547 \\ 0.0718 & 0.1843 & 0.3004 & 0.2494 & 0.1940 \\ 0.2208 & 0.3250 & 0.2001 & 0.1429 & 0.1112 \\ 0.1900 & 0.2958 & 0.2265 & 0.1618 & 0.1258 \\ 0.2428 & 0.2527 & 0.2223 & 0.1588 & 0.1235 \\ 0.1892 & 0.3089 & 0.2211 & 0.1579 & 0.1228 \end{bmatrix}$$

② "人员因素"灰色评价权矩阵:

$$\boldsymbol{R}_2 = \begin{bmatrix} 0.0369 & 0.1027 & 0.3094 & 0.3099 & 0.2411 \\ 0.1410 & 0.2343 & 0.2393 & 0.2150 & 0.1703 \\ 0.0758 & 0.1983 & 0.2810 & 0.2749 & 0.1700 \\ 0.0176 & 0.1244 & 0.3328 & 0.2867 & 0.2386 \\ 0.1530 & 0.2786 & 0.2504 & 0.1788 & 0.1391 \end{bmatrix}$$

③ "物的因素"灰色评价权矩阵:

$$\boldsymbol{R}_1 = \begin{bmatrix} 0.2091 & 0.2096 & 0.2153 & 0.2021 & 0.1639 \\ 0.4414 & 0.2365 & 0.1419 & 0.1014 & 0.0788 \\ 0.1630 & 0.2519 & 0.2206 & 0.2018 & 0.1627 \\ 0.1834 & 0.2587 & 0.1930 & 0.1847 & 0.1801 \\ 0.1684 & 0.2565 & 0.2480 & 0.1840 & 0.01431 \\ 0.3274 & 0.2847 & 0.1709 & 0.1220 & 0.0949 \end{bmatrix}$$

④ "环境因素"灰色评价权矩阵:

$$\boldsymbol{R}_4 = \begin{bmatrix} 0.2913 & 0.2690 & 0.1614 & 0.1886 & 0.0897 \\ 0.2244 & 0.2137 & 0.2051 & 0.1954 & 0.1614 \\ 0.1856 & 0.2608 & 0.2293 & 0.1824 & 0.1418 \\ 0.2025 & 0.2409 & 0.2247 & 0.1867 & 0.1452 \\ 0.2479 & 0.2644 & 0.2148 & 0.1535 & 0.1194 \end{bmatrix}$$

6.5.4 计算灰色模糊综合向量

将指标权重集 w_i 和灰色评价权矩阵 R_i 代入式(5-38),计算得到准则层灰色模糊综合评价向量。

① "管理因素"灰色模糊综合评价向量:
$$C_1 = (0.043\,49 \quad 0.066\,92 \quad 0.058\,18 \quad 0.043\,07 \quad 0.033\,50)$$

② "人员因素"灰色模糊综合评价向量:
$$C_2 = (0.020\,87 \quad 0.046\,72 \quad 0.071\,55 \quad 0.064\,20 \quad 0.048\,68)$$

③ "物的因素"灰色模糊综合评价向量:
$$C_3 = (0.065\,39 \quad 0.066\,29 \quad 0.052\,78 \quad 0.044\,09 \quad 0.036\,44)$$

④ "环境因素"灰色模糊综合评价向量:
$$C_4 = (0.055\,00 \quad 0.059\,55 \quad 0.049\,19 \quad 0.043\,23 \quad 0.031\,14)$$

将准则层指标的权重向量 W_i 及灰色模糊综合评价向量 C_i 代入式(5-38),计算得到目标层的灰色模糊综合评价向量:

$$C = (0.046\,24 \quad 0.059\,96 \quad 0.057\,98 \quad 0.048\,65 - 0.037\,49)$$

6.5.5 综合评估结果分析

结合灰色模糊综合向量计算结果,根据最大隶属度原则,对公务航空安全总体风险状况以及"管理因素""人员因素""物的因素""环境因素"4个阶段的风险状况进行综合评估,所得结果如表6-10所列,综合评估结果如表6-11所列。

表6-10 公务航空安全风险评估结果

评估项目	综合评价向量值					评估分值	评估结果
安全管理	0.043 49	0.066 92	0.058 18	0.043 07	0.033 50	1.14	较低风险
飞行运行	0.020 87	0.046 72	0.071 55	0.064 20	0.048 68	1.41	较低风险
维修保障	0.065 39	0.066 29	0.052 78	0.044 09	0.036 44	1.16	较低风险
运行保障	0.055 00	0.059 55	0.049 19	0.043 23	0.031 14	1.06	较低风险

表6-11 公务航空安全风险综合评估结果

评估项目	综合评价向量值					评估分值	评估结果
综合项目	0.046 24	0.059 96	0.057 98	0.048 65	0.037 49	1.19	较低风险

6.6 公务航空安全风险评估系统实施办法

6.6.1 指导思想及工作目标

1. 指导思想

安全风险评估也称作安全评估、危险评估,是对系统中固有的或潜在的危险进行分析与评估的过程,它以概率、等级或指数等表示风险发生的可能性及危害性程度,并为控制措施和管理决策的制定提供参考依据。安全风险评估以系统安全风险分析为基础,通过分析、了解和掌握系统的风险大小,以此与预定的系统安全指标相比较,若超出标准,则对系统的主要风险因素采取控制措施,使其降至该标准以下,此即为安全风险评估的任务。评估方法有多种,需要考虑评估对象的特点、规模,以及要求和目的,进而采用不同的方法。同时,在使用过程中也应和安全风险分析的使用要求一样,坚持实用和理论研究,开发实用性强的评估方法。

2. 工作目标

通过对公务航空公司单位生产(工作)场所、作业岗位的危险源(点)、事故隐患和职业危害因素进行自下而上的排查、辨识、评价分级,建立监督控制体系,强化企业安全风险评估管理。

通过风险评估,确定风险等级,并针对各项风险(事件)拟定初步处理方案,保证各类风险降到可接受的水平。

6.6.2 实施办法

公务航空安全风险检查单从"人、机、环、管"理念出发进行编制、修订,为了更好地使用公务航空安全风险检查单,制定了公务航空安全风险评估实施办法及要求。

1. 适用对象

公务航空安全风险评估实施办法主要适用于公务航空运行系统的安全风险评估工作,由民航局和地区管理局组织实施。民航局和地区管理局飞行标准、适航部门可使用该检查单进行单项评估;公务航空公司可使用此系统对公司运行情况进行综合评估或选项评估。

2. 评估(检查)组组成

评估组由经过航空公司安全风险评估工作培训的航空安全管理、飞行标准、适航、机务维修等方面的专家组成。评估组成员除具有一定的专业背景外,还应具有一定的安全风险评估经验。检查组由9~12人组成,对较小规模的维修单位进行检查时,检查组可由6~9人组成。评估组一般设组长1人,副组长1~2人。组长、副组长可以兼任各小组组长。评估组织部门可根据实际工作需要自行确定评估小组数目以及各小组所涉及的部门,但必须保证每个小组不得少于3人。

检查组至少分为两个小组,分别为综合检查小组和分组检查小组。综合检查小组主要负责检查公司组织机构、安全监察机构、安全管理等方面的工作;分组检查小组主要负责检查运行单位各个项目的规章符合性和安全状况。分组检查也可每个项目设立一个小组,同时进行检查,以提高安全风险评估效率。

为了便于开展工作,在评估组正式检查期间,需要被检查单位给各评估小组指派1名联络人员协助评估组工作。评估检查后期,被检查单位应当指派1或2名工作人员,负责计算机操作、数据处理、资料复印和整理等工作。

3. 评估检查程序

评估检查工作也必须规范化、程序化,避免检查工作过程中丢、漏项目,以保证检查的完整性;避免因检查员个人素质和工作态度的不同,影响评估检查质量;检查程序分别对被评估单位和评估组提出要求。整个评估检查过程分为以下几个阶段:

① 预先准备阶段;
② 直接准备阶段;
③ 检查阶段;
④ 评估阶段;
⑤ 整改阶段;
⑥ 结果宣布;
⑦ 意见反馈。

4. 预先准备阶段(两周)

(1) 对被评估单位的要求

动员:被评估单位接到进行安全风险评估正式通知后,应做好组织、宣传和动员工作,积极迎接安全风险评估工作。被评估单位召开干部和广大群众参加的动员大会,宣传安全风险评估的目的和任务,积极做好安全风险评估准备工作和安全风险评估检查的配合工作。

自我评估:接到进行正式评估的通知之后,有条件的单位在安全风险评估组进入本单位1个月之前,被评估单位按照安全风险评估工作程序进行一次自我评估,并向安全风险评估组提供自评报告。

准备:被评估单位根据评估系统的要求,结合本单位组织结构设置和职能划分的实际情况,在接到正式评估通知的1个月内向组织实施评估部门提供本单位的机构设置及其各机构职责和功能的说明。提供评估项目所涉及的背景材料,列出安全风险评估涉及的各种文件、档案清单;按照评估系统及评估组的要求填报各种报告表和统计表。全部准备工作应当在评估组进入之前完成。

(2) 对评估组要求

通知:评估组织部门在正式实施评估工作3个月之前以书面形式正式通知被评估单位实施安全风险评估。

评估组成立:评估组织部门应在评估工作实施之前1周,根据被评估单位的规模及其机构设置确定评估模式、评估组分组并确定评估组的最后人选,通知评估组成员本人并提出具体要求。评估组组长制定出评估检查工作实施计划。

5. 直接准备阶段(半天)

(1) 对被评估单位要求

被评估单位将预先准备的材料交与评估组。

（2）对评估组要求

动员：按规定时间评估组成员在被评估单位集合，召开全体评估组成员参加的评估工作动员会。评估组组长布置具体评估工作，提出工作要求和标准。

小组会议：各小组召开会议，小组长介绍本组评估工作实施计划和要求，评估组成员熟悉评估项目，统一评分标准，研究检查细节，详细制定工作计划，准备检查员检查单、公司报告表、个人意见单。对新成员还应进行简单培训以便了解整个评估系统的思路，熟悉评估项目和评估标准。

6．检查阶段（3～5天）

对评估组要求有：

① 召集公司有关干部和全体检查组成员参加的动员会，由评估组组长进行动员，说明来意，提出配合要求；单位主要领导汇报和介绍公司一年的安全工作。

② 开展检查工作；评分组分别深入不同运行部门以及有关业务部门。通过听取汇报，召开座谈会，查阅记录档案；到停机坪、维修车间等进行现场检查，了解实际情况；根据各项目的检查要求，对相关技术人员安排理论考试。

③ 各小组在召开座谈会或进行检查时亲自发出"个人意见单"并负责收回，可设立回收箱回收"个人意见单"。发放意见单要考虑群众的广泛性和检查评估的针对性，并坚持自愿和保密的原则。

7．评估阶段（评估组，2天）

检查阶段结束后，首先各小组内部进行情况交流，然后在全组会议上进行小组间情况交流。通过情况交流使每个检查员了解更多信息，在更加充实的基础上独立形成自己的评估意见。无论是小组还是大组的情况交流会都不讨论评分问题。评分由各位检查员独立决断，以防意见受某个人的影响而一边倒。

在情况交流会之后，每个检查员在自己的检查单上独立评分。根据检查以及交流获得的信息，每位评估组成员根据项目加分/扣分说明对各项目进行加分和扣分。按照项目说明加分最高加5分，属于全优；扣分按实际扣分填入。对于加3分以上或者扣6分以上（含6分）的项目需要在"加/扣分说明表"中给出进一步比较详细的说明。各小组须在规定时间内上交检查单评分结果。

考试和检查员检查的结果出来后，应立即进行数据录入工作。在进行录入工作的同时，各小组指定一名检查员撰写小组报告。

录入工作完成之后，计算出评估结果。结果包括公司安全状况综合指标的得分和各项目各方面的得分，综合指标评分按百分制，各项目各方面的评分用10分制，以直方图的形式给出，并对公司安全风险进行等级评定。检查组根据评估结果和各小组的检查报告形成一份书面评估总结，给出该次评估的结论。最后在公司评估总结会议上宣读此书面结论，评估工作即告结束。

8．整改阶段

为使评估意见落到实处，公司应对评估结果进行认真研究，针对隐患和评估分数较低的项目提出整改措施，公司应该在评估结束后30天内向评估组织单位提交一份整改报告。管理局和航空公司自己进行评估的结果向局方备案。
① 评估组织部门审查整改报告,对整改报告进行审批。
② 被评估单位依据审查批准的整改计划进行整改。
③ 评估结束 4 个月后,1 个月内向评估组织部门提交整改结果报告。
④ 评估结束 5 个月后,1 个月内评估组织部门须对被评估单位整改结果进行评估。
⑤ 评估结束 6 个月后,1 个月内评估组织部门正式下发评估结果文件,宣布评估最后结果。
此外,反馈报告还可对评估检查工作提出意见和建议,以便逐步完善和改进评估工作。

9. 反馈阶段

被评估单位应当针对评估组所提出的安全隐患及整改建议进行深入细致的分析,并于评估检查工作结束后 30 天内将整改情况、整改计划以及对评估系统的改进意见和建议上报评估组织单位。整改计划经评估组织单位批准后务必脚踏实地、抓紧落实,条件成熟后可申请评估组织单位进行复审。

评估组织单位应当认真审查被评估单位的整改计划,积极给予支持和指导,并组织有关人员对被评估单位进行复审。

10. 复审阶段

被评估单位应当在接到复审通知的一个月之前,针对评估组所提出的安全隐患及整改建议,按照安全风险评估工作程序进行一次自我评估,并向安全风险评估组提供自评报告。

其次,在接到正式复审通知的 2 周内向组织实施评估部门提供复审评估项目所涉及的背景材料,并列出安全风险评估涉及的各种文件、档案清单;按照评估系统及评估组的要求填报各种报告表和统计表。全部准备工作应当在评估组进入之前完成。

根据第一次检查的结果拟定复审时间,至少一年一次。复审通过后宣告本次评估结束。

第7章 无人机安全管理

7.1 无人机和无人机系统

1. 无人机简介

无人驾驶飞机简称无人机,英文缩写为 UAV,是利用无线电遥控设备和自备的程序控制装置操纵的不载人飞机。

按照应用领域的不同,可将无人机分为军用无人机和民用无人机。民用无人机目前不仅可以运用于各行业领域,还可以被个人、家庭用户使用。民用无人机为无人驾驶、自备飞行控制系统,并从事非军事、警察和海关飞行任务的航空器,但不包括航空模型、无人驾驶自由气球和系留气球。近几年来,我国民用无人机产业发展迅速,相比传统的军用航空器,民用无人机拥有着庞大的使用群体。

2. 无人机系统简介

无人机系统英文缩写为 UAS,是由从事民用领域飞行活动的无机载驾驶员操纵的航空器、控制站、数据链、任务载荷、保障与维护等组成的系统,也称远程驾驶航空器系统(Remotely Piloted Aircraft Systems,RPAS)。

无人机的通信站既可以建在地面,也可以设在车、船或其他平台上,通过通信站,不仅可以获得无人机所侦查到的信息,还可以向无人机发布指令,控制它的飞行,使无人机能够顺利完成任务。无人机的起飞(发射)装置有多种类型,主要的起飞(发射)方式有地面滑跑起飞、沿导轨发射、空中投放等,有些小型无人机由容器式发射装置靠容器内的液压或气压动力发射。无人机的回收方式包括自动着陆、降落伞回收、在空中由无人机回收和拦截网回收等。不同类型和不同使用环境下的无人机,可选择不同的系统构成,比如小型无人机通常采用弹射或火箭发射,而大型无人机则采用起落架或发射车进行发射。

无人机系统主要包括飞机机体、飞控系统、数据链系统(MDS 数传电台是国内无人机用得最多的数据链设备)、发射回收系统、电源系统等。飞控系统又称为飞行管理与控制系统,相当于无人机系统的"心脏"部分,对无人机的稳定性、数据传输的可靠性、精确度、实时性等都有重要影响,对其飞行性能起决定性的作用。数据链系统可以保证对遥控指令的准确传输,以及无人机接收、发送信息的实时性和可靠性,以保证信息反馈的及时有效性和顺利、准确地完成任务。发射回收系统保证无人机顺利升空以达到安全的高度和速度飞行,并在执行完任务后从天空安全回落到地面。

7.2 无人机运行的相关法规

国内外对无人机的监管政策各有不同,虽然规章依然滞后于无人机的发展,但是我国也先后发布了一些民用无人机相关的法规和标准，涉及的范围也从微小型无人机到大型的特定类无人机。

2016年9月21日，民航局发布了《民用无人驾驶航空器系统空中交通管理办法》，本办法适用于依法在航路航线、进近(终端)和机场管制地带等民用航空使用空域范围内或者对以上空域内运行存在影响的民用无人驾驶航空器系统活动的空中交通管理工作。2017年5月16日，民航局发布了《民用无人驾驶航空器实名制登记管理规定》，本管理规定适用于在中华人民共和国境内最大起飞重量为250 g以上(含250 g)的民用无人机。为加强民用无人驾驶航空器(以下简称民用无人机)的管理，对民用无人机拥有者实施实名制登记，特制定本管理规定。2017年7月4日，民航局发布了《无人机围栏(征求意见稿)》，标准规定了无人机围栏的范围、类型与参数、标识、标记和试验要求等，适用于无人机系统和无人机云系统中的无人机围栏。2018年3月21日，民航局发布了《民用无人驾驶航空器经营性飞行活动管理办法(暂行)》，制定本办法是为了规范使用民用无人驾驶航空器从事经营性飞行活动，加强市场监管，促进无人驾驶航空器产业安全、有序、健康发展。2018年8月31日，民航局发布了《民用无人机驾驶员管理规定》，针对目前出现的无人机系统的驾驶员实施指导性管理，并将根据行业发展情况随时修订，最终目的是按照国际民航组织的标准建立我国完善的民用无人机驾驶员监管体系。2019年2月1日，民航局发布了《特定类无人机试运行管理规程(暂行)》，本着促进发展、先试先行、分类管理的原则，根据民用无人机发展实际需求，民航局正逐步规范特定类无人机的运行管理。2019年8月，民航局发布了《大型货运无人机适航标准(草案)》，该草案结合我国无人机适航审定试点工作成果，极大地促进了我国民用无人机的产业发展。

无人驾驶航空器管理工作，以习近平新时代中国特色社会主义思想为指导，坚持军民融合、管放结合、空地联合，实施全生命周期设计、全类别覆盖、全链条管理，维护国家安全、公共安全、飞行安全，促进无人驾驶航空器产业及相关领域健康有序发展。

7.3 无人机分类管理

在近年来，国内外无人机相关技术飞速发展，无人机系统种类繁多、用途广泛、特点鲜明，致使其在尺寸、质量、航程、航时、飞行高度、飞行速度、性能以及任务等多方面都有较大差异。由于无人机的多样性，出于不同的考量会有不同的分类方法，且不同的分类方法相互交叉、边界模糊。

无人机可按飞行平台构型、用途、尺度、活动半径、任务高度等方法进行分类。

按飞行平台构型分类，无人机可分为固定翼无人机、旋翼无人机、无人飞艇、伞翼无人机、扑翼无人机等。

按用途分类，无人机可分为军用无人机和民用无人机。军用无人机可以分为侦察无人机、诱饵无人机、电子对抗无人机、通信中断无人机、无人战斗机以及靶机等；民用无人机可分为巡查/监视无人机、农用无人机、气象无人机、侦察无人机以及测绘无人机等。农用无人机和侦察无人机如图7-1所示。

按尺度分类(民航法规)，无人机可分为微型无人机、轻型无人机、小型无人机以及大型无人机。微型无人机是指空机质量小于等于7 kg的无人机；轻型无人机是指空机质量大于7 kg，但小

(a) 农用无人机

(b) 侦察无人机

图 7-1　农用无人机和侦察无人机

于等于 116 kg 的无人机,且全马力水平中,校正空速小于 100 km/h(55n mile/h),升限小于 3 000 m;小型无人机是指空机质量小于等于 5 700 kg 的无人机,微型和轻型无人机除外。大型无人机是指空机质量大于 5 700 kg 的无人机。小型无人机和大型无人机如图 7-2 所示。

(a) 小型无人机

(b) 大型无人机

图 7-2　小型无人机和大型无人机

按活动半径分类,无人机可分为超近程无人机、近程无人机、短程无人机、中程无人机和远程无人机。超近程无人机活动半径在 15 km 以内,近程无人机活动半径在 15~50 km 范围内,短程无人机活动半径在 50~200 km 范围内,中程无人机活动半径在 200~800 km 范围内,远程无人机活动半径大于 800 km。

按任务高度分类,无人机可分为超低空无人机、低空无人机、中空无人机、高空无人机和超高空无人机。超低空无人机任务高度一般在 0~100 m 范围内,低空无人机任务高度一般在 100~1 000 m 范围内,中空无人机任务高度一般在 1000~7 000 m 之间,高空无人机任务高度一般在 7 000~18 000 m 范围内,超高空无人机任务高度一般大于 18 000 m。

对于无人机的安全管理方面,国外民航强国(比如欧美等)主要从性能指标(特别是重量)、操控方式和任务用途方面对民用无人机及相应任务进行风险评估,根据所评估的风险等级采取开放(open)、特许(specification)和审定(certification)三类监管政策。基本的管理原则是:

对于个人消费用途轻型无人机活动,采取开放政策;小型无人机须在驾驶员视线范围内活动(Visual Line of Sight,VLOS)、与人群保持一定的安全距离、与有人机和机场保持安全距离、飞行高度限制;大型无人机的管控技术须从有人机运行体系的方法中探索。并且,开放类无人机、许可类无人机以及审定类无人机这三类无人机的安全等级要求在逐次递增。

7.3.1 开放类无人机安全管理

(1) 开放类无人机的分类以及用途

无人机的种类繁多,按照不同的分类方法会有不同的结果,因此,按照相关条例,开放类无人机主要包含微型无人机、轻型无人机以及植保类无人机,见表 7-1。它们的共同特点是无论是空机重量还是起飞全重均比较小,具有轻快、便利的特点,因此,对开放类无人机的用途只进行概括阐述。

表 7-1 开放类无人机分类

按空管条例无人机分类	现行运行规定对无人机的分类	空机重量(千克)	起飞全重(千克)	分 类
微型无人机	Ⅰ	$0<w\leqslant1.5$		开放类
轻型无人机	Ⅱ	$1.5<w\leqslant4$	$1.5<w\leqslant7$	
植保类无人机	Ⅲ	>7		

微型无人机,在开放类无人机中应用的微型无人机主要是指非超视距运行的Ⅰ、Ⅱ类无人机,其主要应用于航拍、自拍等具有娱乐消费性质的活动。轻型无人机在开放类无人机中的分类一样,均是指非超视距运行的Ⅰ、Ⅱ类无人机,其主要用途类似于微型无人机,用于进行类似航拍的娱乐活动。植保类无人机,顾名思义,它的主要用途是针对农业方面的应用,比如,喷洒农药。植保类无人机也因其作业效率高、速度快、喷洒面积广、操作简单等特点而备受青睐。

但目前,无人机"黑飞"现象层出不穷,绝大部分都是人们单纯的爱好,但是却给民航安全构成严重威胁。比如,在 2020 年 11 月 5 日,两男子在绵阳机场净空保护区"黑飞"无人机,被公安机关施以行政处罚。随着空域改革的相类似的事件在近些年中发生次数只增不减,因此,遵循一定的安全管理办法,对于无人机而言,是十分必要的。

(2) 开放类无人机的安全管理

开放类无人机的安全管理方面主要是针对微型无人机、轻型无人机以及植保类无人机的安全管理。这三类无人机的特点是体积小、重量轻,因此,它们整体可以归类为轻小型无人机。

确保开放类无人机的运行安全,有着十分重大的意义。对于微型无人机、轻小型无人机以及植保无人机的安全管理应该满足相关规定以确保安全运行。

首先,在划设有适飞空域的区域,轻型民用无人机和植保无人机适用适飞空域飞行管理、空域管理要求;无法按期实现飞行动态数据报送的型号产品,不满足可靠被监视能力要求,不能归类为轻型民用无人机或植保无人机,飞行管理、空域管理按照相关法律法规执行。在未划设适飞空域的区域,轻型民用无人机和植保无人机的飞行管理、空域管理按照相关法律法规执行。而小型无人机飞行管理、空域管理按照相关法律法规执行。

其次,从事轻、小型民用无人机及植保无人机飞行活动的单位、个人,不及时报告或漏报飞行动态数据的,按照通航飞行管制有关规定处罚。违反国家治安管理相关法律法规的,由有关部门按照治安管理有关规定处罚,而且,微型无人机使用者应安全使用无人机,避免对他人造成伤害。

同时,对于无人机操作人员也提出了相关的管理要求。任何人员在操作民用无人机时不得粗心大意和盲目蛮干,以免危及他人的生命或财产安全。民用无人机驾驶员在饮用任何含酒精的液体之后的 8 小时之内或处于酒精作用之下或者受到任何药物影响及其工作能力对飞行安全造成影响的情况下,不得驾驶无人机。

植保无人机的运行有更加具体的相关约束:人员要求。运营人指定的一个或多个作业负责人,该作业负责人应当持有民用无人机驾驶员合格证并具有相应等级,同时接受了下列知识和技术的培训或者具备相应的经验,包括:相关的理论知识、飞行技能,适时对于植保无人机操作人员进行考核、作业负责人对农林喷洒作业飞行负责等。

7.3.2 多旋翼无人机安全管理

当今社会正由后工业时代向智能时代迈进,科技发展一日千里,信息技术、人工智能、无人机与物流行业的发展互相交织和促进。自动化和智能化正在一步步地渗透到人们的工作和生活当中。例如工厂的全自动流水线、仓库的自动分拣和搬运系统,再如智能搜索、智能语音处理及应答平台等。

无人机物流是物流行业向自动化、智能化发展的典型代表之一。无人机物流是指主要使用无人机的技术方案,为实现实体物品从供应地向接收地的流通而进行的规划、实施和控制的过程。通俗地说,无人机物流就是以无人机为主要的工具开展物流活动,或者是物流活动中借助无人机实现关键性的任务。

无人机物流的本质是使用先进的生产工具去发展生产力,是物流业机械化、自动化和智能化发展的结果,也可看作是智慧物流体系中的一个重要的分支。

无人机物流可细分为支线无人机运输、无人机快递(末端配送)、无人机救援(应急物流)、无人机仓储管理(盘点、巡检等)等,其中以支线无人机运输和无人机末端配送为主要形式。

无人机运输(一般指货运)是无人机物流的重要组成部分,是通过自备的程序控制装置或无线电遥控设备,操纵无人机进行货物运送的过程,依据运输距离、运载重量及续航时间区分为支线无人机运输、末端无人机配送等类型。

① 大载重、中远距离的支线无人机运输。送货的直线距离一般在 $100\sim1\,000\,km$ 范围内,吨级载重、续航时间达数小时。这方面的应用主要有:跨地区的货运(采取固定航线、固定班次,标准化运营管理)、边防哨所、海岛等物资运输,以及物流中心之间的货运分拨等。

② 末端的无人机配送。空中直线距离一般在 $10\,km$ 以内(对应地面路程可能达到 $20\sim 30\,km$,受具体地形地貌的影响),载重在 $5\sim 20\,kg$ 范围内,单程飞行时间为 $15\sim 20\,min$(受天气等因素影响)。这方面的应用有派送急救物资和医疗用品、派送果蔬等农土特产物品等。

③ 无人机仓储管理。例如大型高架仓库、高架储区的检视和货物盘点,再如集装箱堆场、散货堆场(比如煤堆场、矿石堆场和垃圾堆场)等货栈堆场的物资盘点或检查巡视。

另外,在紧急救援和运输应急物资等方面,无人机能发挥常规运输工具无法比拟的优势,并能把现场信息第一时间传至指挥中心。无论是哪一种类型,其成功的应用必须以准确的市场定位为前提,以此为基础把握用户需求,在技术维度科学设计合适的产品,在实用性、经济性和可靠性等方面力争做到最优,并以精细规范的管理作为配套,最终达到用户满意的效果。

无人机物流的巨大优势和价值主要体现在以下六个方面,如表7-2所列。

表7-2 无人机物流优势分析

优 势	应用场景	评 估	代表企业
低成本(配送)	乡村地区、电商配送	成本节省60%~70%	京东、亚马逊、迅蚁等
低成本(支线运输)	四五线城市货运	和有人机比,在机组人员、造价和配套设施等方面成本低	朗星、顺丰、帆美等
机动灵活(支线运输)	四五线城市货运	和有人机比,减少了机组人员和配套设施等方面的制约	朗星、顺丰、帆美等
高效率(配送)	配送和综合物流系统	极速送达,30分钟内	亚马逊
高效(盘点检视)	货栈堆场	快捷、节省人力	京东
可达性(送货)	偏远地区、特殊地点	弥补地面交通的不足;比有人飞机更灵活	DHL、顺丰和京东等
增值服务(配送)		高价值、高时效、新业态创造新需求	

相比于地面运输无人机运输,具有方便高效、节约土地资源和基础设施的优点。在一些交通瘫痪路段、城市的拥堵区域,以及一些偏远的区域,由于地面交通无法畅行,导致物品或包裹的投递比正常情况下耗时更长或成本更高。通过合理利用闲置的低空资源,能有效减轻地面交通的负担,还能节约资源和建设成本。需要说明的是,经济合理的物流方式需要结合实际情况综合发挥各种工具的优势实现高质量的发展。

1958年以后,美国设立联邦航空局(Federal Aviation Administration,FAA),它有权制定飞行器的运行规则。2015年10月,谷歌、亚马逊和沃尔玛三家公司宣布加入了FAA中负责无人机登记制度和识别系统的工作团队。FAA要求这三家公司在内的25家公司及相关机构为无人机登记制度提供一些方案,并为不需要进行登记的无人机类型提出建议。2016年6月,FAA颁布了首部专门针对小型无人机的管理法"Part107",该法则适用于在美国领空内飞行的,重量低于55磅(25 kg)的小型无人机,而这几乎涵盖了所有的航拍无人机以及大部分的行业无人机。2018年5月,美国运输部公布了入选新无人机系统一体化试点项目的10个州和地方政府,开发一部分区域给10家企业启用无人机运送商品。

2016年7月,亚马逊对外宣布获得英国民航局许可,可以在英国测试无人机超视距送货业务。英国民航局批准亚马逊在农村、近郊地区进行测试,内容包括超出视线范围的无人机运营、无人机识别并躲避障碍物及一人操作多部无人机。

《中华人民共和国飞行基本规则》规定空军负责全国的飞行管制。2009年,民航主管部门颁布了《关于民用无人机管理有关问题的暂行规定》和《民用无人机适航管理工作会议纪要》来解决无人机的适航管理问题。2017年5月,中国民航局下发《民用无人驾驶航空器实名制登记管理规定》要求从6月1日起,个人购买的最大起飞重量为250 g(含250 g)以上的无人机,须在8月31日之前在中国民用航空局民用无人机实名登记系统上实名登记。2017年中国民用航空局(CAAC)批准京东和顺丰在某些农村地区启用无人机运送包裹。2018年民航局发布《民用无人驾驶航空器经营性飞行活动管理办法(暂行)》，在《民航法》框架下，规范了无人驾驶航空器从事经营性通用航空飞行活动的准入和监管要求，但是无人驾驶航空器开展载客类和载货类经营性飞行活动暂不适用。2018年5月11日，民航局发布《关于促进航空物流业发展的指导意见》，对无人机物流明确给予支持，提出支持物流企业在空域条件良好、地面交通欠发达地区开展无人机物流配送试点工作；同时，特别提到，物流企业利用通用航空器、无人机等提供航空物流服务发展迅速，需要加快制定和完善有关运行规章制度和安全运行标准体系，规范市场秩序。

目前，不论国内还是国外，对于无人机进行物流配送没有专门的可适用的法律法规，无人机的运营大部分还是遵循通用航空的标准。各个国家和地区正在无人机监管的道路上积极探索，每个国家或地区都相继推出有关民用无人机飞行的监管条例，但是仍存在诸多问题。

目前，国内外主流的小型配送无人机航程在25 km以内，在来回均负载的情况下，配送无人机的单程航程只能控制在12 km左右，载重不超过15 kg，主要针对终端物流。该机型主要采用锂聚合物电池作为主要的动力，这是因为无人机需要尽可能减轻起飞重量，无法携带大容量电池，要达到较为理想的航程，其载重也需要更为精准的控制。表7-3列举了几款国内外主流物流无人机的续航能力。

表7-3 国内外主流物流无人机续航能力

型 号	载重/kg	航程/km
DHL(第三代parcelcopter)	2.2	8.3
亚马逊(第二代Prime Air)	2.2	24.0
邮政(捷雁TR5)	5.0	20.0
顺丰(X AIRWAY)	10.0	20.0
京东(Y-3)	10.0	20.0

无人机物流的安全涉及无人机自身安全、快件安全、公众安全三个方面。

① 无人机自身安全。目前，物流无人机只允许飞固定的航线，飞行之前已经确定了航线内没有障碍物、不和民航冲突、没有高压线、途经地人烟稀少。亚马逊采用的是在用户庭院前放置标志点，无人机定位到标志点后将货物放置在上面。2017年，京东无人机在宿迁部分地区实现常态化运营，京东无人机并非直接将货物送到顾客手中，而是京东在农村的城镇设置服务点，然后由京东工作人员接手将货物送到顾客手中。无人机的抗风抗雨能力有限，很容易受恶劣天气的影响。2017年8月，京东位于宿迁的无人机调度中心的无人机受到雨季的影响基本无法起飞。而在NASA和无人机公司进行的一次现场测试中，几架无人机被风吹离预定航线100多英尺(30多米)，迫使它们离开其工作区域。

② 快件安全。目前，主流的物流无人机基本都通过快递盒携带快递，防止无人机在飞行过程中快递跌落对地面行人、建筑物等造成危害。

③ 公众安全。物流无人机送货途中是否会偏离航线、乱飞影响航空飞行等问题涉及公众

安全。2014年5月到2015年4月英国民航局已经查到六起在英国各机场发生的无人机与民航机差点相撞事件。2016年5月成都双流机场因无人机在起降空域内活动,导致55个航班延误。同年10月,宁波发生一起"黑飞"失控坠落事件,导致两人受伤。各种无人机"黑飞"事件引起社会、民众的担忧。

物流无人机空域管理技术主要有:

① 无人机监管云系统。U-Care是中国民航局权威批准运营的国内首个基于民用航空行业标准、符合空管雷达数据传输规范的无人机管控系统。U-Care系统通过身份验证、计划申请、实施监管、电子围栏等功能对无人机的飞行活动进行监管,只要通过U-Care系统申请的飞行活动,飞行动态实时情况会同步传送给空域管理部门,超出申报范围,系统会自动报警。对于不按监管飞行的用户,将会被记录,对其账号进行限制,影响后续计划的申请和其他功能的使用,并将处罚移交监管部门处理。U-Care系统于2015年7月在青岛试运行。2016年空域管理部门使其参与保障了2016年中韩溢油联合演习。U-Cloud是由中国航空器拥有者及驾驶员协会推出的轻小型无人机监管系统。2016年3月4日获得中国民用航空局飞行标准司的批文,批准其试运行两年。U-Cloud类似于SIM卡追踪管理,所有的无人机上都需要装一个SIM卡或者类似的装置。飞行时的航迹、高度、速度、位置、航向等都会被实时纳入云数据库。公安、民航、空管及空军等方面,可以根据采集到的数据,对升空的无人机监控和执法。

② 京东智慧物流运营调度中心。2017年6月全球首个已建成的无人机运营调度中心——京东智慧物流运营调度中心投入使用。京东智慧物流运营调度中心是京东自主研发的无人机飞控中心。通过调度中心的大屏幕可以清晰地看到每一架无人机的坐标位置和飞行参数。运营调度中心可以对航线、配送无人机的性能和状态、订单数据等进行全面管理与实施监控。有了基于飞控中心的调度,将实现无人机自动装载、起飞、巡航、着陆、卸货、配送、返航等覆盖物流配送的全部流程。京东无人机运营调度中心可以保障飞行安全性及运送便捷准确性。U-Care、U-Cloud等无人机云系统获得中国民用航空局飞行标准司的批准运营,无人机监管进入云时代,通过大数据分析为空域监管和飞行安全提供保障。京东物流运营调度中心的使用则进一步推进无人机物流的发展。虽然无人机空域管理技术取得很大突破,但是目前,由于设备技术的差异没有统一的标准,而且目前各个云系统并没有实现数据的共享,国内外的无人机云系统只在部分地区运行。

7.3.3 许可类无人机安全管理

许可类无人机也可以称为特许类无人机,它们属于小型无人机,需在驾驶员视线范围内活动(Visual Line of Sight,VLOS),与人群保持一定的安全距离、与有人机和机场保持安全距离、飞行高度具有限制,因此,在进行许可类无人机的安全管理时,应该注意的事项有:

① 必须在驾驶员或者观测员视距范围内运行;
② 必须在昼间运行;
③ 必须将航路优先权让予其他航空器;
④ 必须将航路优先权让予有人驾驶航空器;
⑤ 当飞行操作危害到空域的其他使用者、地面上人身财产安全或不能按照相关规定要求继续飞行时,应当立即停止飞行活动;

⑥ 驾驶员应当能够随时控制无人机。对于使用自主模式的无人机,无人机驾驶员必须能够随时超控。

当无人机在运行的过程中出现了失控的情况,机长应执行相应的预案,包括:无人机应急回收程序;对于接入无人机云的用户,应在系统内上报相关情况;对于未接入无人机云的用户,联系相关空管服务部门,按程序上报相关责任人名单。而民用无人机运行的仪表、设备和标志也应该满足相关规定的要求。

同时,对于无人机操作人员也提出了相关的管理要求。任何人员在操作民用无人机时不得粗心大意和盲目蛮干,以免危及他人的生命或财产安全。民用无人机驾驶员在饮用任何含酒精的液体之后的 8 小时之内或处于酒精作用之下或者受到任何药物影响及其工作能力对飞行安全造成影响的情况下,不得驾驶无人机,这一点与开放类无人机的要求相同。而且在飞行前,机长应做好以下准备工作:

① 任务执行区域限制的气象条件;
② 确定运行场地满足无人机使用说明书所规定的条件;
③ 检查无人机各组件、燃油或电池储备、通信链路信号等是否满足运行要求。对于无人机云系统的用户,应确认系统是否接入无人机云;
④ 制定出现紧急情况的处置预案,预案中应包括紧急备降地点等内容。

同时,机长还应该确保无人机运行时符合有关部门的要求,避免进入限制区域:
① 对于无人机云系统的用户,应该遵守该系统限制;
② 对于未接入无人机云系统的用户,应向相关部门了解限制区域的划设情况。不得突破机场障碍物控制面、飞行禁区、未经批准的限制区以及危险区等。

7.3.4 特定类无人机运行管理规定

特定类的无人机就是明确了需要进行风险评估和审定的无人机,包括起飞全重在 25～150 kg 的无人机,起飞全重在 7～25 kg 范围内、运行风险较大的无人机,起飞全重 150 kg 以上、运行风险较小的无人机等三种特定种类无人机,如表 7-4 所列。

表 7-4 特定类无人机分类

按空管条例 无人机分类	现行运行规定对 无人机的分类	空机重量(千克)	起飞全重(千克)	分 类
小型无人机	Ⅲ	\multicolumn{2}{c	}{$7<w\leqslant25$}	特定类
中型无人机	Ⅳ	$15<w\leqslant116$	$25<w\leqslant150$	
大型无人机	Ⅺ	$116<w\leqslant5700$	$150<w\leqslant5700$	
大型无人机	Ⅻ	\multicolumn{2}{c	}{$w>5700$}	

因此,对于特定类无人机的安全管理要求要远比开放类无人机、许可类无人机的安全管理要求高。特定类无人机在实现试运行之前,需要进行一系列审定的流程,包括方案的初步讨论和申请、安全评估、对控制风险的运行验证、试运行批准、检查和监察的实施以及运行记录的保存。

第一,方案的初步讨论和申请。志愿申请人对试运行提出正式申请之前,应向民航局就试运行的情况进行咨询和充分沟通。在初始阶段,由民航局受理申请,同时组织属地管理局参与无人机试运行审定小组工作,审定通过后民航局签发试运行批准函。无人机志愿申请人在试运行阶段,可以向局方申请下列一个或多个种类的运行:

① 留空飞行(类似本场);

② 航线飞行(类似转场);

在局方为试运行志愿申请人签发批准函之前,志愿申请人应当能向局方证明其具有按照本咨询通告中适用于该志愿申请人的规定实施运行的能力。

第二,安全评估。志愿申请人应在申请试运行前进行安全评估,充分分析和评估与特定类无人机运行相关的风险,以确定拟试运行的可接受性。对于无法涵盖的运行种类或特定阶段的运行,可按以下流程评估后批准实施,并将安全措施列入运行规范中。

① 初步评估;

② 任务概念描述;

③ 确定初始无人驾驶航空器系统地面风险等级;

④ 危害防范措施和无人机材料安全性推导;

⑤ 致命性测定;

⑥ 特定保证等级和完整性级别(SAIL);

⑦ 测定空域相撞类别(AEC);

⑧ 空中风险等级的初步评估;

⑨ 建立任务缓解措施;

⑩ 评估所需的任务缓解操作措施水平;

⑪ 确定建议的威胁防范措施;

⑫ 可行性检查;

⑬ 验证拟议防范措施的稳健性。

第三,对控制风险的运行验证。在志愿申请人完成安全评估后,应对风险进行初步运行验证,并保证风险被控制在可接受的范围内。

第四,试运行批准。经过试运行安全评估和运行验证后,由试运行审定小组审核确定试运行的风险在有效控制和可接受范围内,民航局以签发试运行批准函的形式对志愿申请人的试运行进行认可。批准函的内容应当包含:法人名称、试运行区域地点、法定代表人姓名、试运行航空器型号、运行种类、批准人、批准函编号、批准/生效时间以及终止时间等必要信息。

第五,检查和监察的实施。志愿申请人应在局方批准的试运行基地或局方可接受的其他地点保存试运行批准函和运行规范及一套完整的运行手册,对于开展无人机实验、研发、原型设计的志愿申请人,还应当保存实验、验证的相关材料,方便局方可以在任何时间通过文件审查和飞行验证的方式,利用 SORA 评估方法对志愿申请人进行检查或监察。根据检查或监察的结果,确定志愿申请人是否有资格继续持有其运行批准函和运行规范,检查或监察频次由试运行审定小组根据风险大小确定。在检查或监察过程中,志愿申请人如不能按照局方的要求向局方提供运行规范或任何规定的记录、文件或报告,或在演示验证中发现存在缺陷,局方可暂停、终止其部分或全部运行批准和运行规范。

第六,运行记录的保存。志愿申请人必须在其运行基地或局方批准的其他地方保存能证明志愿申请人相关运行人员和运行活动的记录,并长期保存。记录范围包括以下几个方面:①运行手册;②无人驾驶航空器清单;③飞行前检查记录;④飞行器维修记录;⑤人员资质信息;⑥飞行时间和值勤时间的记录;⑦每次飞行的系统数据记录,系统数据记录内容详见表7-5。

表7-5 系统数据记录

序 号	数据名称	序 号	数据名称
1	空中停车	14	起飞重量
2	通信中断	15	着陆重量
3	警告指示	16	起飞燃油量/电量
4	外物损伤	17	着陆燃油量/电量
5	返航/备降	18	起飞机场(地点)
6	着火	19	降落机场(地点)
7	维修差错	20	飞行速度
8	法人(公司)名称	21	飞行高度
9	机型	22	航向(航迹)
10	无人机实名登记编号	23	飞行时间
11	记录时间	24	空中飞行时间(小时)
12	动力装置启动时间	25	无人机飞控系统的MAC地址
13	动力装置关闭时间	—	—

除了上述的6个步骤以外,还应保证数据的可靠性,比如为了确保运行系统数据真实有效,志愿申请人须使用数字签名或区块链等技术方法,以满足运行数据通过第三方技术加密和认证后不可篡改。同时,为了确保安全,支援申请人在试运行开始时,应有第三方的保险,确保运行过程中的所有的风险均被覆盖到。当在试运行阶段遇到以下情况时是可以暂停的:

① 日常检查过程中,发现实际运行情况与批准函不符;
② 试运行期间,运行风险增加且超出可控范围;
③ 运行区域受其他因素影响。

当试运行批准被暂停时,志愿申请人应按局方要求进行整改,局方应做好相关记录。当出现以下情形之一时,试运行终止:

① 批准函持有人自愿放弃,并将其交回局方;
② 局方暂扣、取消或以其他方式终止该批准函。

当试运行批准函被暂扣、取消或因其他原因失效时,试运行批准函持有人应当将试运行批准函交还局方。定类无人机试运行管理规程(暂行)见图7-3。

图 7-3 特定类无人机试运行管理规程(暂行)

7.4 无人机驾驶员管理

1. 执照和等级要求

无人机系统分类较多,所适用空域远比有人驾驶航空器广阔,因此有必要对无人机系统驾驶员实施分类管理。

① 下列情况下,无人机系统驾驶员自行负责,无须证照管理:

a. 在室内运行的无人机;

b. Ⅰ、Ⅱ类无人机(如运行需要,驾驶员可在无人机云系统进行备案,备案内容应包括驾驶员真实身份信息、所使用的无人机型号,并通过在线法规测试);

c. 在人烟稀少、空旷的非人口稠密区进行试验的无人机。

② 在隔离空域和融合空域运行的除Ⅰ、Ⅱ类以外的无人机,其驾驶员执照由局方实施管理。

a. 操纵视距内运行无人机的驾驶员,应当持有按本规定颁发的具备相应类别、分类等级的视距内等级驾驶员执照,并且在行使相应权利时随身携带该执照。

b. 操纵超视距运行无人机的驾驶员,应当持有按本规定颁发的具备相应类别、分类等级的有效超视距等级的驾驶员执照,并且在行使相应权利时随身携带该执照。

自 2018 年 9 月 1 日起,民航局授权行业协会颁发的现行有效的无人机驾驶员合格证自动转换为民航局颁发的无人机驾驶员电子执照,原合格证所载明的权利一并转移至该电子执照。原Ⅶ分类等级(超视距运行的Ⅰ、Ⅱ类无人机)合格证载明的权利转移至Ⅲ分类等级电子执照。

2. 执照和等级分类

对于完成训练并考试合格，符合本规定颁发民用无人机驾驶员执照和等级条件的人员，在其驾驶员执照上签注如下信息：

① 驾驶员等级：视距内等级、超视距等级、教员等级；

② 类别等级：固定翼、直升机、多旋翼、垂直起降固定翼、自转旋翼机、飞艇、其他；

③ 型别和职位（仅适用于Ⅺ、Ⅻ分类等级）：无人机型别、职位，包括机长、副驾驶。

注1：实际运行中，当Ⅲ、Ⅳ、Ⅺ类分类有交叉时，按照较高要求的一类分类；

注2：对于串、并列运行或者编队运行的无人机，按照总重量分类；

注3：地方政府（例如当地公安部门）对于Ⅰ、Ⅱ类无人机重量界限低于本表规定的，以地方政府的具体要求为准。

7.5 无人机飞行空域管理

无人机空域管理是指为维护国家安全，兼顾民用、军用航空的需要和公众利益，统一规划，合理、充分、有效地利用空域的管理工作。

根据可承受性、任务需求和应用领域的不同，无人机具有不同的装备和能力。为保证这些不同种类的无人机在低空域内与通用航空器、直升机和滑翔机等实现安全飞行，在提高无人机自身安全性的基础上，还必须建立科学的空中交通管理机制，实行无人机空域管理，解决好无人机与有人机在共同空域内的安全飞行问题。

7.5.1 微型无人机的禁飞空域

未经批准，微型无人机禁止在以下空域飞行：

① 真高 50 m 以上空域；

② 空中禁区以及周边 2 000 m 范围；

③ 空中危险区以及周边 1 000 m 范围；

④ 机场、临时起降点围界内以及周边 2000 m 范围的上方；

⑤ 国界线、边境线到我方一侧 2 000 m 范围的上方；

⑥ 军事禁区以及周边 500 m 范围的上方，军事管理区、设区的市级（含）以上党政机关、监场所以及周边 100 m 范围的上方；

⑦ 射电天文台以及周边 3 000 m 范围的上方，卫星地面站（含测控、测距、接收、导航站）等需要电磁环境特殊保护的设施以及周边 1 000 m 范围的上方，气象雷达站以及周边 500 m 范围的上方；

⑧ 生产、储存易燃易爆危险品的大型企业和储备可燃重要物资的大型仓库、基地以及周边 100 m 范围的上方，发电厂、变电站、加油站和大型车站、码头、港口、大型活动现场以及周边 50 m 范围的上方，高速铁路以及两侧 100 m 范围的上方，普通铁路和省级以上公路以及两侧 50 m 范围的上方；

⑨ 军航超低空飞行空域。

7.5.2　轻型无人机管控空域

划设以下空域为轻型无人机管控空域：

① 真高 120 m 以上空域；

② 空中禁区以及周边 5 000 m 范围；

③ 空中危险区以及周边 2 000 m 范围；

④ 军用机场净空保护区，民用机场障碍物限制面水平投影范围的上方；

⑤ 有人驾驶航空器临时起降点以及周边 2 000 m 范围的上方；

⑥ 国界线到我方一侧 5 000 m 范围的上方，边境线到我方一侧 2 000 m 范围的上方；

⑦ 军事禁区以及周边 1 000 m 范围的上方，军事管理区、设区的市级（含）以上党政机关、核电站、监管场所以及周边 200 m 范围的上方；

⑧ 射电天文台以及周边 5 000 m 范围的上方，卫星地面站（含测控、测距、接收、导航站）等需要电磁环境特殊保护的设施以及周边 2 000 m 范围的上方，气象雷达站以及周边 1 000 m 范围的上方；

⑨ 生产、储存易燃易爆危险品的大型企业和储备可燃重要物资的大型仓库、基地以及周边 150 m 范围的上方，发电厂、变电站、加油站和中大型车站、码头、港口、大型活动现场以及周边 100 m 范围的上方，高速铁路以及两侧 200 m 范围的上方，普通铁路和国道以及两侧 100 m 范围的上方；

⑩ 军航低空、超低空飞行空域；

⑪ 省级人民政府会同战区确定的管控空域。

未经批准，轻型无人机禁止在上述管控空域飞行。管控空域外，无特殊情况均划设为轻型无人机适飞空域。

植保无人机适飞空域位于轻型无人机适飞空域内，真高不超过 30 m，且在农林牧区域的上方。

每年 10 月 31 日前，省级人民政府汇总各方需求并报所在地区后，向有关飞行管制部门提出轻型无人机空域划设申请；11 月 30 日前，负责审批的飞行管制部门应予批复，并通报相关民用航空情报服务机构；12 月 15 日前，省级人民政府发布行政管辖范围内空域划设信息，国务院民用航空主管部门收集并统一发布全国空域划设信息；翌年 1 月 1 日起，发布的空域生效，有效期 1 年。

临时关闭部分轻型无人机适飞空域，由省级（含）以上人民政府或者军级（含）以上单位提出申请，飞行管制部门根据权限进行审批，并通报相关民用航空情报服务机构。临时关闭期限通常不超过 72 小时，由省级人民政府于关闭生效时刻 24 小时前发布。遇有重大活动和紧急突发情况时，飞行管制部门根据需要可以临时关闭部分轻型无人机适飞空域，通常在生效时刻前 1 小时发布。

7.5.3　隔离空域的使用及申请

无人机通常与有人驾驶航空器隔离运行，划设隔离空域，并保持一定间隔。已发布的轻型无人机适飞空域不影响隔离空域的划设。符合下列条件之一的，可不划设隔离空域：

① 执行特殊任务的国家无人机飞行；
② 经过充分安全认证的中型、大型无人机飞行；
③ 轻型无人机在适飞空域上方不超过飞行安全高度飞行；
④ 具备可靠被监视和空域保持能力的小型无人机在轻型无人机适飞空域及上方不超过飞行安全高度飞行。

飞行安全高度及以上、跨越飞行安全高度的隔离空域间隔，应当高于现行空域间隔规定；低于飞行安全高度的隔离空域间隔，可以适当低于现行空域间隔规定。

隔离空域内飞行，无人机之间飞行间隔应当不低于现行飞行间隔规定。

隔离空域外飞行，无人机之间、无人机与有人驾驶航空器之间应当保持一定间隔。

执行特殊任务的国家无人机或者经充分安全认证的中型、大型无人机，可与有人驾驶航空器混合飞行，无人机之间、无人机与有人驾驶航空器之间的飞行间隔，均不低于现行飞行间隔规定。

轻型无人机在适飞空域上方不超过飞行安全高度飞行，小型无人机在轻型无人机适飞空域及上方不超过飞行安全高度的飞行，且同时满足下列条件的，无人机之间、无人机与有人驾驶航空器之间的飞行间隔不高于现行飞行间隔规定：
① 能够按要求自动向综合监管平台报送信息，包括位置、高度、速度、身份标识；
② 遥控站（台）与无人机、飞行管制部门保持持续稳定的双向通信联络；
③ 航线保持精度上下各 50 m、左右各 1 000 m 以内；
④ 能够自动按照预先设定的飞行航线和高度自主返航或者备降。

轻型无人机在适飞空域上方不超过飞行安全高度飞行，小型无人机在轻型无人机适飞空域及上方不超过飞行安全高度的飞行，不能同时满足上述条件的，无人机之间、无人机与有人驾驶航空器之间的飞行间隔不低于现行飞行间隔规定。

隔离空域申请，由申请人在拟使用隔离空域 7 个工作日前，向有关飞行管制部门提出；负责批准该隔离空域的飞行管制部门应当在拟使用隔离空域 3 个工作日前作出批准或者不予批准的决定，并通知申请单位或者个人。

申请内容主要包括使用单位或者个人，无人机类型及主要性能，飞行活动性质，隔离空域使用时间、水平范围、垂直范围，起降区域或者坐标，飞入飞出隔离空域方法，登记管理的信息等。

划设无人机隔离空域，按照下列规定的权限批准：
① 在飞行管制分区内划设的，由负责该分区飞行管制的部门批准；
② 超出飞行管制分区在飞行管制区内划设的，由负责该管制区飞行管制的部门批准；
③ 在飞行管制区间划设的，由空军批准。

批准划设隔离空域的部门应当将划设的隔离空域报上一级飞行管制部门备案，并通报有关单位。

无人机隔离空域的使用期限，应当根据飞行的性质和需要确定，通常不得超过 12 个月。

因飞行任务需要延长隔离空域使用期限的，应当报经批准该隔离空域的飞行管制部门同意。

隔离空域飞行活动全部结束后，空域申请人应当及时报告有关飞行管制部门，其申请划设的隔离空域即行撤销。

已划设的隔离空域,经飞行管制部门同意后,其他单位或者个人也可以使用。

国家无人机执行飞行任务时,拥有空域优先使用权。

7.6 无人机飞行运行管理

1. 飞行计划的内容

无人机飞行计划内容通常包括:
① 组织该次飞行活动的单位或者个人;
② 飞行任务性质;
③ 无人机类型、架数;
④ 通信联络方法;
⑤ 起飞、降落和备降机场(场地);
⑥ 预计飞行开始、结束时刻;
⑦ 飞行航线、高度、速度和范围,进出空域方法;
⑧ 指挥和控制频率;
⑨ 导航方式,自主能力;
⑩ 安装二次雷达应答机的,注明二次雷达应答机代码申请;
⑪ 应急处置程序;
⑫ 其他特殊保障需求。

有特殊要求的,应当提交有效任务批准文件和必要资质证明。

2. 飞行计划的审批及批准

从事无人机飞行活动的单位或者个人实施飞行前,应当向当地飞行管制部门提出飞行计划申请,经批准后方可实施。飞行计划申请应当于飞行前 1 日 15 时前,向所在机场或者起降场地所在的飞行管制部门提出;飞行管制部门应当于飞行前 1 日 21 时前批复。

国家无人机在飞行安全高度以下遂行作战备战、反恐维稳、抢险救灾等飞行任务,可适当简化飞行计划审批流程。

微型无人机在禁止飞行空域外飞行,无需申请飞行计划。轻型、植保无人机在相应适飞空域飞行,无需申请飞行计划,但需向综合监管平台实时报送动态信息。

无人机飞行计划按照下列规定权限批准:
① 在机场区域内的,由负责该机场飞行管制的部门批准;
② 超出机场区域在飞行管制分区内的,由负责该分区飞行管制的部门批准;
③ 超出飞行管制分区在飞行管制区内的,由负责该区域飞行管制的部门批准;
④ 超出飞行管制区的,由空军批准。

使用无人机执行反恐维稳、抢险救灾、医疗救护或者其他紧急任务的,可以提出临时飞行计划申请。临时飞行计划申请最迟应当于起飞 30 分钟前提出,飞行管制部门应当在起飞 15 分钟前批复。

申请并获得批准的无人机飞行计划,组织该次飞行活动的单位或者个人应当在无人机起飞1小时前向飞行管制部门报告计划开飞时刻和简要准备情况,经放飞许可方可飞行;飞行中实时掌握无人机飞行动态,保持与飞行管制部门通信联络畅通;飞行结束后,及时报告飞行实施情况。

3. 无人机飞行的注意事项

除执行特殊任务的国家无人机外,夜间飞行的无人机应当开启警示灯并确保处于良好状态。

未经飞行管制部门批准,禁止轻型无人机在适飞空域从事货物运输,禁止在移动的车辆、船舶、航空器上(内)驾驶除微型无人机以外的无人机。

在我国境内,禁止境外无人机或者由境外人员单独驾驶的境内无人机从事测量勘查以及对敏感区域进行拍摄等飞行活动。发现其违法飞行,飞行管制部门责令立即停止飞行,并通报外事、公安等部门及时处置。

与无人机飞行有关的单位、个人负有保证飞行安全的责任,应当遵守有关规章制度,积极采取预防事故措施,保证飞行安全。

微型无人机飞行:轻型、植保无人机在相应适飞空域飞行,两个及以上单位或者个人在同一隔离空域内飞行,无人机与有人驾驶航空器混合飞行,安全责任均由组织该次飞行活动的单位或者个人承担;其他飞行:安全责任依照相关规定执行。

7.7 无人机围栏

无人机围栏:为阻挡即将侵入特定区域的航空器,在相应电子地理范围中画出特定区域,并配合飞行控制系统、保障区域安全的软硬件系统。

无人机系统:从事民用领域飞行活动的无机载驾驶员操纵的航空器、控制站、数据链、任务载荷、保障与维护等组成的系统。

无人机云系统:轻小型民用无人机运行动态数据库系统,用于向无人机用户提供航行服务、气象服务等,对民用无人机运行数据(包括运营信息、位置、高度和速度等)进行实时监测,简称无人机云。

1. 无人机围栏模型及分类

无人机围栏模型采用4维空间结构,如图7-4所示。

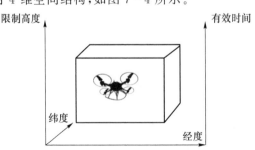

图7-4 无人机围栏模型示意图

① 平面地理区域,包括:经度;纬度;
② 限制高度;
③ 有效时间。

无人机围栏模型按照其在水平面投影几何形状可以分为以下三种:民用航空机场障碍物限制面;扇区形;多边形。

无人机围栏所使用的经度和纬度坐标点,均为WGS84坐标。

(1) 民用航空机场障碍物限制面几何模型

民用航空机场障碍物限制面如图7-5所示。

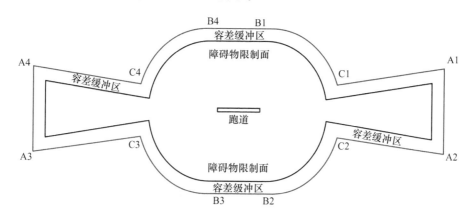

图7-5 民用航空机场障碍物限制面及各边界点示意图

民用航空机场障碍物限制面保护范围为图中弧A1A2C2、弧C2B2B2B3、弧B3C3A3A4C4、弧C4B4B1、弧B1C1A1各点坐标、圆弧连线范围内;圆弧半径均为7070 m。这些面的顶面高度(相对高度)均为120 m。图中红色多边形连线范围即民用航空机场障碍物限制保护范围。

(2) 多边形无人机围栏空间几何模型

多边形无人机围栏空间几何模型由不同海拔高度的底面和顶面组成的立方体构成,示意图见图7-6。空间几何模型的一个面是由同一平面上的 N 个空间点构成的闭合的空间区域,空间点以真北为起点,在水平面上按顺时针依次命名。顶点顺序为顺时针方向,构成顶面和底面的顶点数量相等。

(3) 扇区形无人机围栏空间几何模型

扇区形无人机围栏空间几何模型由不同海拔高度的扇区形底面和顶面组成的立方体构成,示意图见图7-7。

一个空间的扇区面是由同一平面上的扇区原点、扇区半径和扇区起止方位角(扇区开始真方向和扇区结束真方向)构成的闭合的空间区域。

扇区原点由该地理点的经纬度定义:
① 扇区半径以扇区原点为圆心,距离单位为米;
② 扇区起止方位是该扇区开始和结束的真方向;
③ 扇区高度是禁止进入该区域的相对高度范围。

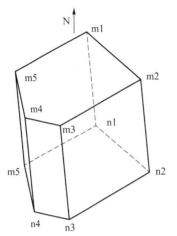 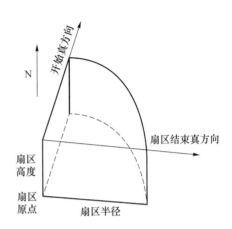

m1~m5为围栏顶面顶点编号；n1~n5为围栏底面顶点编号

图7-6 多边形无人机围栏示意图　　图7-7 扇形无人机围栏示意图

2. 无人机围栏有效时间

无人机围栏的有效时间是指禁止无人机在该空间范围里飞行的时间段(包括起始时间和结束时间),有效时间可以是多组时间段。每个无人机围栏均有有效时间,所采用的时间为UTC时间。

① 无人机围栏起始时间使用 UTC 时间,格式为 UTC YYYYMMDD TTMM,永久有效的无人机围栏在起始时间 UTC 后标注 NONE。

示例:UTC 20170101 1200。

② 无人机围栏终止时间使用 UTC 时间,格式为 UTC YYYYMMDD TTMM,永久有效的无人机围栏在终止时间 UTC 后标注 9999。

示例:UTC 20170111 2400。

第8章 大型固定翼无人机冲突风险预测与解脱

近年来,随着无人机技术在军事领域的逐渐成熟,民用无人机的市场也已经打开,其应用已越来越广泛,覆盖了空中拍照、农林植保、电力巡线、建模、测绘等领域,并且已有向物流配送领域发展的趋势。根据相关数据显示,我国民用无人驾驶航空器的持有量已经达到了百万架,并大有在通用航空、货运航空等诸多领域替代有人驾驶航空器的趋势。而且,由于军民用无人机的大量使用,使得可利用的空域空间变得越来越少,中低空、超低空的空域变得越来越"拥挤",从而导致空中的交通安全问题日益凸显,航空器之间的安全隐患越来越严重。

目前,为保障飞行安全,各国将无人机限制在特定空域内,与有人机分开隔离运行,记载隔离空域运行,但在有限的空域资源下,隔离运行方式将难以满足无人机日益增长的应用需求。美国联邦航空管理局(FAA)欧洲航空安全局(EASA)认为对无人机进行严格的空域隔离在很多时候都对业务的开展有所阻碍,将无人机融入空域会使空域的设计更有灵活性并且更符合市场需求。它们需要有更多的空域来满足需求,飞出"隔离空域"进入"融合空域"是满足无人机运行需求的一种重要方式。

随着空域开放程度的加深,融合空域的使用成为一种必然的趋势,这也就意味着无人机将要脱离"隔离空域"进入"融合空域",也意味着空域中的飞行任务和航空器类型变得繁重和复杂,对安全空域环境提出更高的运行要求。与隔离空域不同的是,融合空域内航空器类型多元化、有人机和无人机混杂,不同型号航空器的速度、体积大小、航线等元素多元化,同样,融合空域的空域类型多样,飞行禁区、军事训练区、临时飞行禁区、终端区、航路航线等构成了复杂的融合区域。对于在融合空域内执行飞行任务的无人机而言,它们面临着与有人机产生飞行冲突风险的问题。因此,避免无人机和有人机在融合空域内产生飞行冲突,是无人机在融合空域内运行的关键因素,而在这个过程中,及时地进行飞行冲突风险预测是一项重要的工作。

8.1 大型固定翼无人机运行特点

1. 运行特点

当前,无人机驾驶航空业正不断快速发展,迭代演进,无人机所展现出来的在农业、物流、航拍,乃至载人等通用和运输航空领域的推广应用价值是有人驾驶航空器所无法企及的。无人驾驶航空正在逐步融入国家空域系统,这一进程正在为中国民航由大变强、"变道超车"带来前所未有的机遇,但同时对法规标准、空域管理、安全管理等多方面提出了诸多要求,无人机之间的防相撞问题就是一个亟待解决的重要问题,怎样防止无人机之间以及无人机与有人驾驶航空器之间相撞是无人机进入空域的重要前提。无人机按照探测方式的不同可以分为合作型和非合作型两类。非合作大型无人机是指在飞行过程中,彼此间互不通信的大型无人机。这类无人机多来自不同的运营商,而一家运营商只能对自己的无人机实施监控,因此不能防止与其他运营商的无人机之间发生飞行冲突。所以需要一个第三方的机构也就是无人机运行管理平台来实现非合作大型无人机之间飞行冲突的预测和告警。

随着无人机在军事、民用方面应用日渐广泛,人们对于无人机的需求越来越大,无人机仅仅局限在隔离空域中运行,已经无法满足市场的需求。随着人们对无人机的能力要求越来越高,无人机的任务越来越繁重复杂,无人机逐步向数字化、信息化、智能化方向发展。因此,要求无人机具备各种规划和避让能力,并且无人机进入融合空域,与有人机共同空域执行任务已成为无人机发展的重要趋势,同时在无人机与有人机共同空域执行任务飞行所面临的碰撞冲突已经成为影响无人机发展突出问题。

另外,无人机进入有人机空域中运行时,无人机和有人机之间的冲突风险问题,势必将会成为无人机进入有人机空域中能否安全运行的重要问题之一,及时地进行冲突风险预测和冲突解脱,是无人机的运行安全和有人机的正常的飞行有力保障,也为无人机进入"融合空域"运行打下基础。

2. 飞行冲突相关理论

关于碰撞、危险接近和冲突的定义如表8-1所列。

表8-1 碰撞、危险接近和冲突的定义

碰撞风险	定 义
冲突	冲突是指航空器在空中飞行时,在某一特定时间与其他航空器在空间的占用上发生重叠,即两航空器的纵向、侧向和垂直间隔都小于间隔标准
危险接近	危险接近指航空器在空中飞行时,在某一特定时间与其他航空在三个方向的间隔都小于规定的危险接近的间隔。危险接近是事故征候
碰撞	碰撞指航空器在空中飞行时,在某一特定时间与其他航空器在三个方向的间隔都小于航空器的尺寸。碰撞是航空安全事故,会造成机毁人亡的严重后果

飞行冲突从概念上讲是两架航空器间隔的损失,而相撞是两架航空器空间位置的重叠。从计算逻辑的角度讲,飞行冲突是两架航空器之间的安全间隔小于规定的安全间隔标准,而两架航空器的飞行相撞则是两架航空器之间的间隔小于机体的尺寸。

两架飞机防止发生的飞行冲突的目的是,提前发现潜在的飞行冲突,及时进行飞行冲突解脱。结合无人机进入融合空域后的情况考虑,设定冲突解脱规定,在保证有人机原始的航迹和速度的大小不变的前提下,无人机通过改变速度大小和航向,完成飞行冲突解脱。在两者之间的冲突问题解决完成后,进行无人机飞行航迹恢复。而冲突预防的基本前提是基于飞行冲突的探测,即依据已经掌握的无人机和有人机的基本运动要素,通过一定方法对目前以及未来一段时间内无人机和有人机之间的飞行冲突情况进行预测,调整相关航空器的飞行轨迹,从而消除飞行冲突提供依据。

8.2 常用冲突风险预测与解脱理论方法

1. 几何分析法

顾名思义,几何分析法是指利用几何方法建立确定性冲突预测模型,通过划设保护区等方法判断航空器之间是否存在冲突威胁,明确出航空器与入侵障碍物的几何态势关系,推导出航空器最优避撞策略进行飞行冲突消解的一种方法。几何分析法可以通过构建几何模型、分析两者之间的几何位置要素并和数学进行联系,建立冲突预测方法,因其具有简单直观、计算量小、可以满足实际需要的特点,而被广泛应用。

最早提出几何冲突算法的是Folton,其建立了Volonoi多边形,判断一定范围内航空器与其他航空器发生冲突的概率;Jennifer Goss提出混合几何算法实现冲突预测,利用航空器实时速度和位置矢量;Aurenhammer通过考虑到多机冲突的复杂性,提出航空器基于几何方法的冲突预测思想,因此通过建立Voronoi多边形,只考虑一定范围内的航空器,最终实现冲突预测算法;Marco Porreta等人也提出了一种最大程度上利用飞机意图信息的航迹预测飞行冲突算法。

几何分析法利用三角形的矢量方法进行模型的搭建,再利用三边之间的差和关系,进行冲突预测的判断;在假设航空器飞行稳定的情况下,建立航空器的轨迹预推模型,并通过求解两条轨迹之间的最小水平距离和最小垂直距离来与安全间隔比较,进行冲突预测;该方法利用基于线性外推法的飞行冲突预判算法,对两架无人机的之间的飞行冲突进行预警。

2. 概率型算法

概率分析是通过建立概率性冲突预测模型来预测判断航空器在未来一段时间内是否存在飞行冲突的一种方法。有人提出了短期预测和中期预测两种模型:短期预测模型是预测未来几秒到几分钟内的飞行情况,此时若存在无人机飞行冲突,则必须通过执行相应规避动作;中期预测模型则是用来对未来数十分钟内的飞行情况进行预测,判断将来时间内有无飞行冲突,若存在飞行冲突则通过防撞算法进行机动以避免发生难以控制的短期冲突。同时,构建的Reich模型、EVENT模型、三维布朗运动模型、改进的Reich模型和EVENT模型等对不同场景下的航空器之间的冲突探测均有较好的应用。

由于概率分析法是采取数学计算的方法来求解飞行冲突可能发生的概率,计算量较大,现有嵌入式计算机的处理速度尚不能完全满足实时计算的要求,因而概率性冲突预测法在实际中的应用受到很大限制。

3. 遗传算法

遗传算法是比较经典的算法之一,最早由美国的John holland于20世纪70年代提出。该算法是根据大自然中生物体进化规律而设计提出的,是模拟达尔文生物进化论的自然选择和遗传学机理的生物进化过程的计算模型,是一种通过模拟自然进化过程搜索最优解的方法。该算法通过数学的方式,利用计算机仿真运算,将问题的求解过程转换成类似生物进化中的染色体基因的交叉、变异等过程。在求解较为复杂的组合优化问题时,相对一些常规的优化算法,该算法通常能够较快地获得较好的优化结果。遗传算法已被人们广泛地应用于组合优化、机器学习、信号处理、自适应控制和人工生命等领域。

遗传算法具有简单通用、鲁棒性强等特点,也被应用于解决航空器之间的冲突解脱的问题。

4. 最优控制理论

最优控制理论是现代控制理论的一个主要分支,着重研究使控制系统的性能指标实现最优化的基本条件和综合方法。最优控制理论是研究和解决从一切可能的控制方案中寻找最优解的一门学科,是现代控制理论的重要组成部分。同时,根据最优控制理论中的极小值原理对航路飞行冲突问题建立数学模型,进行航路飞行冲突解脱,不改变原飞行计划,进而解决航空器之间的冲突问题,实现解脱目的。

5. 速度障碍法

速度障碍法是 Fiorini 于 1988 年率先提出的,而速度障碍法最初解决的是机器人之间的动态避障问题,因其具有实时性和针对动态障碍物避障的特点,而被广泛应用,如机器人之间的避障应用、无人艇之间的避障应用、水下机器人之间避障应用、自主水下航行器(AUV)应用、无人机避障路径之间的规划应用以及多智能体避障方面的应用。而关于速度障碍法在民航避障方面的应用有:有人机的飞行冲突和恢复策略以及构建无人机之间飞行冲突解脱模型,但同时考虑无人机和有人机之间的冲突和解脱。构建无人机避障与航迹恢复策略,对研究无人机进入融合空域冲突进行解脱具有借鉴意义。

速度障碍法原理简单,对于动态障碍物避障有实时性,该方法考虑两者的相对速度,每个动态物体都可以与原物体形成一个锥形区域,若两者的相对速度在两者形成的锥形区域中,则判定两者之间会产生冲突。因此,解决动态物体与原物体之间的冲突问题,须将两者的相对速度偏移出碰撞区域,以实现解脱。

8.3 构建冲突风险预测与解脱模型

在以往的冲突预测与解脱的方法中,有势场法、智能算法、概率型算法等,但是概率型算法的实时性差,而势场法虽实时性较好,但通常无法到达精准目标,并且势场法容易陷入局部最优的结果之中,智能算法在无人机路径规划应用上会有很大的帮助,但是算法复杂,实时性不高。而速度障碍法具有实时性和针对动态障碍物避障的特点,对分析大型无人机和有人机之间的冲突风险预测问题有很大帮助,因此,本节将选取速度障碍法作为冲突风险预测和冲突解脱的辅助性算法。

将无人机和有人机之间的冲突风险预测和解脱,分为两大核心,即冲突风险预测和冲突解脱。结合具体研究对象,是考虑无人机和有人机之间的冲突风险预测和解脱问题,因此,为实现冲突风险预测和解脱目的,将借助于无人机和有人机之间的相对速度进行冲突风险预测的判定问题以及冲突解脱问题的解决。考虑到无人机和有人机之间的相对距离远,将无人机和有人机在构建模型的过程中,分别处理为质点,从而构建两者之间的冲突风险预测和解脱模型,关于本节使用的速度障碍法原理,如图 8-1 所示。

图中,以无人机为锥形区域的顶点,冲突机为膨化后的圆形区域。速度障碍法是一种基于速度避免移动障碍物碰撞的方法,简单直观、实时性好,能够实现在线避障的要求,因此被广泛用来解决无人艇和机器人的冲突解脱问题。因此,将速度障碍法同几何元素结合起来,融入无人机和有人机运动要素,以此构建出冲突预测模型,给出判断飞行冲突的条件。

速度障碍法最初主要用于解决移动机器人之间的自主避障问题,后来将其应用于内河领域等多方面。速度障碍法定义了一个相对速度障碍区域,考虑 A 点和 B 点之间的相对速度,在以 A 为顶点,向以 B 为圆心、R 为半径的圆发出两条切线,形成 ACD 的区域,若相对速度在

区域 ACD 中,则 A 与 B 产生冲突,反之,则不产生冲突,其中 R 是将冲突机膨胀后的圆的半径,其相关示意图见图 8-2。图中,l_{AD} 和 l_{AC} 为从 A 点发出的切线,l_{AE} 是相对速度所在直线。

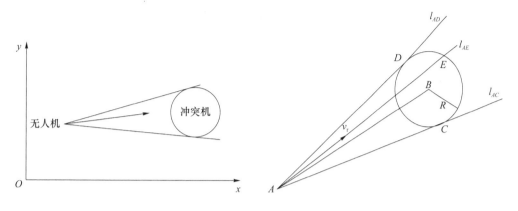

图 8-1 速度障碍法原理图　　　　图 8-2 速度障碍模型

速度障碍模型的数学表达式可以表示为:若 $l_{AE} \cap$ 区域 $ACD \neq \varnothing$,则无人机和有人机两者之间产生飞行冲突,反之,则无人机和有人机两者之间不产生冲突。借助构建的速度障碍模型分析两者之间的冲突风险预测问题以及两者之间冲突判定的条件,将会更加直观,并且容易理解。

8.3.1　构建传统速度障碍模型

在速度障碍法原理基础上,构建融合空域内无人机与有人机传统速度障碍冲突风险预测模型。构建冲突风险预测模型,就是将无人机和有人机分别视为模型中的 A 点和 B 点,以无人机 A 为顶点,其速度 v_1 所在直线为 x 轴,以垂直于 x 轴方向为 y 轴,建立二维平面直角坐标系。将有人机 B 的速度 v_2 平移至 A 点,求出相对速度 v_r,并且结合速度障碍模型,构造出冲突预测模型,速度关系模型如图 8-3 所示。

依据速度障碍法原理,构造出无人机在融合空域内的冲突预测模型,并对该冲突预测模型进行冲突预测条件的分析,为下文构造改进风险冲突模型提供基础。构造的冲突预测模型如图 8-4 所示。

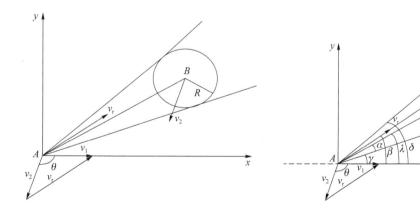

图 8-3 速度关系模型　　　　图 8-4 冲突预测模型

图中，θ、γ、β、δ、λ 为有人机速度 v_2、切线 l_{AC}、直线 l_{AE}、切线 l_{AD}、直线 l_{AB} 与所建坐标系 x 轴之间的夹角；α 为直线 l_{AB} 与切线 l_{AC} 之间的夹角，直线 l_{AB} 为 A、B 两点之间的初始位置所在直线，直线 l_{AE} 为相对速度所在的直线。

设 A 点初始坐标为 (x_1,y_1)，B 点坐标为 (x_2,y_2)，$\vec{v}_1=(v_1,0)$，$\vec{v}_2=(v_2\cos\theta,v_2\sin\theta)$，$\vec{v}_r=\vec{v}_1-\vec{v}_2$。令 $\Delta x=|x_1-x_2|$，$\Delta y=|y_1-y_2|$，A、B 两点之间的初始距离 $d_0=\sqrt{\Delta x^2+\Delta y^2}$，随着时间 t 的变化，A、B 两点之间的距离也在发生着改变，则在时间 t 的变化下，A、B 之间的距离可以表示为

$$f(t)=[(v_1-v_2\cos\theta)\cdot t+\Delta x]^2+[(-v_2\sin\theta)\cdot t+\Delta y]^2$$

经整理后，表达式变为

$$f(t)=d_0^2+t^2 v_r^2+2\cdot(\Delta x\cdot v_{rx}+\Delta y\cdot v_{ry})\cdot t$$

式中：v_{rx}、v_{ry} 为 v_r 的 x、y 方向方面的分量。

因此，下面分析 $f(t)$ 表达式。

若 $v_r^2\neq 0$，则 $f(t)$ 函数为一元二次方程。根据一元二次函数的特点，其最小值应在函数对称轴时取到，因此，当 $t=-\dfrac{\Delta x v_{rx}+\Delta y v_{ry}}{v_r^2}$ 时，$f(t)=d_0^2-\dfrac{(\Delta x v_{rx}+\Delta y v_y)^2}{v_r^2}$，即 $d_{\min}=\sqrt{d_0^2-\dfrac{(\Delta x v_{rx}+\Delta y v_{ry})^2}{v_r^2}}$，若 $d_{\min}\leqslant R$，则 A、B 两机产生冲突，反之，则无。因此，分析其产生飞行冲突的条件为 $\gamma\leqslant\beta\leqslant\delta$，即当 $\tan(l_{AE})$ 在 $[\tan(\gamma),\tan(\delta)]$ 区间波动时，A、B 两机产生飞行冲突。

将上述描述转化为相关的具体表达式，为

$$\left.\begin{aligned}\partial &=\arcsin\left(\frac{R}{d_0}\right)\\ \lambda &=\arctan\left(\frac{y_2}{x_2}\right)\\ \gamma &=\lambda-\partial\\ \delta &=\lambda+\partial\end{aligned}\right\}$$

8.3.2 改进冲突风险预测模型

无人机进入融合空域后，两者之间的冲突风险预测和解脱变成一个关键的安全问题。与有人机不同，无人机并没有一定的应对突发情况的能力，所以，分析冲突产生的预判条件有一定的安全意义。同时，在无人机和有人机存在潜在冲突情况下，要优先保证有人机的原航向、原速度大小不变。因此，本小节中主要考虑两机冲突情况。为简化模型，将无人机和有人机两者之间的飞行情况转化为二维平面考虑。在无人机和有人机存在潜在冲突风险情况下，改变无人机的航向和速度的大小来解决冲突问题。

基于传统意义上的速度障碍模型，结合无人机和有人机在实际运行过程中的情况，将二者

分别看作是具有一定安全范围的圆,画出两圆的公切线,如图 8-5 中的虚线。

对于模型图中 4 条圆的公切线,本小节将只保留交叉的切线。同时,作过 A 点且分别平行于这两条交叉切线的平行线 l_{AF}、l_{AG}。进一步考虑无人机和有人机之间的相对速度 v_r 是否在以 l_{AF}、l_{AG} 所构建的区域内,来判定无人机和有人机之间的冲突问题。以无人机的速度为横坐标,垂直无人机的速度向上的方向为纵坐标,构建出如图 8-6 所示的模型。

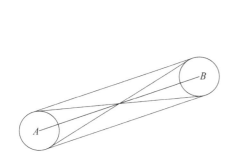

图 8-5 A 与 B 两圆的公切线

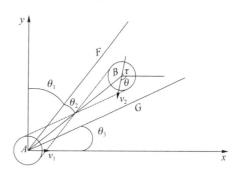

图 8-6 改进的冲突预测模型

模型中,l_{AF} 和 l_{AG} 两者为分别平行与圆 A 与圆 B 交叉公切线且与 A 点相交的两条直线,同时,以直线 l_{AF} 和 l_{AG} 为边界所围成的区域为改进后的速度障碍模型中的碰撞区域,即相对速度 v_r 在该区域中即可产生冲突碰撞的危险,用数学表达式可表示为:若 $\vartheta_r \cap$ 区域 $FAG \neq \varnothing$,将产生冲突风险。

模型中,直线 l_{AF} 与 y 轴的夹角为 θ_1,直线 l_{AG} 与 x 轴的之间的夹角为 θ_3。线段 AB 与边界 l_{AF} 之间的夹角为 θ_2。冲突机 B 的速度 v_2 与水平轴之间的夹角为 θ,v_2 的反向延长线与水平轴之间的夹角为 τ,v_r 与水平轴之间的夹角是 β,其中 $\tau = \pi - \theta$。

关于 θ_1、θ_3 的求解方式,根据无人机和有人机所构造的数学方程 $f_1 = (x, y)$、$f_2 = (x, y)$,即可求出两圆的公切线,最大值为 k_{AF},最小值为 k_{AG}。因此,将在改进的速度障碍模型基础上,进行冲突预测情况的分析,其中 k_{AF}、k_{AG} 为直线 l_{AG}、l_{AF} 的斜率。同理,k_{AB}、k_{v_r}、k_{-v_2} 分别为 AB 所在直线的斜率、相对速度所在直线的斜率、速度 v_2 的反向延长线所在直线的斜率。

8.3.3 冲突风险预测判定条件分析

在构建的冲突风险预测模型的基础上,进行冲突风险预测条件的分析,总结为以下 6 种情况。

① 当 $\tau < \theta_3$ 时,A 与 B 不会发生相撞。如图 8-7 所示,当 v_2 的方向延长线与水平轴的夹角 $\tau < \theta_3$ 时,k_{-v_2} 一定是小于 k_{AG},因此 k_{v_r} 一定小于 k_{AG},所以相对速度 v_r 不会出现在碰撞区域内,A、B 两者速度之间的角度在这样的情况下,无论速度有多大,两者之间也不会有碰撞的情况发生。

② 当 $\tau = \theta_3$ 时,A 与 B 会在 v_2 无限大时,

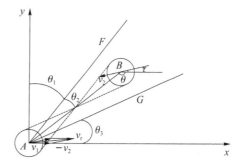

图 8-7 $\tau < \theta_3$ 时几何分析示意图

产生碰撞的临界点,即 A 与 B 会在某个点相切过去。$\tau=\theta_3$ 时,$k_{-\nu_2}$ 恰好等于 k_{AG},此时的 k_{ν_r} 会在 B 的速度 ν_2 无限大时,与线段 l_{AG} 的斜率无限接近相等,此时就可以看作 ν_r 所在直线与 l_{AG} 所在直线相平行,即 $\beta=\theta_3$ 会产生冲突的临界点,即 $\theta_3=\arctan k_{AG}$,如图 8-8 所示。

③ 当 $\theta_3<\tau<\angle BAX$,即 $k_{AG}<k_{-\nu_2}<k_{AB}$ 时,A 将以 ν_r 速度大小和方向运行,在未来某一时刻,A 与 B 有可能会发生冲突,且将在 B 的左侧发生冲突。当发生冲突时,A 优先选择的是在 B 机的左侧进行解脱,几何分析图见图 8-9。

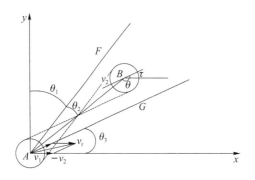

图 8-8　$\tau=\theta_3$ 时几何分析示意图

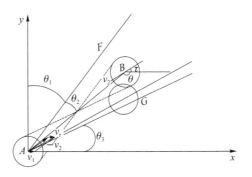

图 8-9　$\theta_3<\tau<\angle BAX$ 时的几何分析示意图

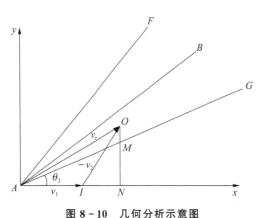

图 8-10　几何分析示意图

借助二维平面直角坐标系,以及无人机和有人机在该种情况下的具体几何位置,进行数学分析和总结,而对于无人机和有人机两者之间的具体冲突情况的几何位置分析如图 8-10 所示。

当 $k_{\nu_r}\leqslant k_{AG}$ 时,无人机和有人机之间才无冲突风险。若两者之间产生冲突风险,则 $k_{\nu_r}>k_{AG}$。在图 3-8 中,通过借助分析相对速度终点的位置,将线段 ON 和线段 MN 两者之间的比值与 1 之间进行大小比较,进而判定出无人机和有人机两者之间的冲突关系。

由上文可知,O 点的坐标是 $(\nu_1-\nu_2\cos\theta,-\nu_2\sin\theta)$,直线 ON 的表达式为 $x=|\nu_1-\nu_2\cos\theta|$,直线 l_{AG} 的表达式是 $y=k_{AG}*x$,则 M 的坐标是 $(\nu_1-\nu_2\cos\theta,k_{AG}*(\nu_1-\nu_2\cos\theta))$,即 $\theta_3<\arctan\dfrac{\|-\nu_2\sin\theta\|}{\|\nu_1-\nu_2\cos\theta\|}$,则两者之间产生冲突。

④ 当 $\angle BAX<\tau<\angle FAB$,即 $k_{AB}<k_{\nu_B}<k_{AF}$ 时。A 将以 ν_r 速度大小和方向运行,在未来某一时刻,A 与 B 可能会发生冲突,且将在 B 的右侧发生冲突。发生冲突时,A 优先选择的是在 B 右侧进行解脱,几何分析如图 8-11 所示。

对于无人机和有人机两者之间的具体冲突的几何分析如图 8-12 所示。

当 $k_{\nu_r}\geqslant k_{AF}$ 时,无人机和有人机之间才无冲突风险。若两者之间产生冲突风险,则 $k_{\nu_r}<k_{AF}$。在图 3-10 中,借助分析相对速度终点的位置,判定线段 OW 和线段 ZW 两者之间的比值与 1 之间的大小,进而判定无人机和有人机两者之间的冲突关系。

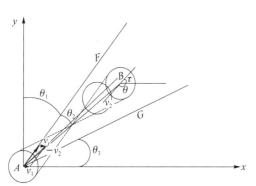
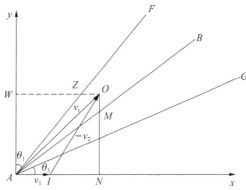

图 8-11 $\angle BAX < \tau < \angle FAB$ 时几何分析示意图 　　图 8-12 几何分析示意图

线段 OW 的表达式为 $y=|-\nu_2\sin\theta|$，O 点的坐标为 $(\nu_1-\nu_2\cos\theta,-\nu_2\sin\theta)$，$W$ 点的坐标为 $(0,-\nu_2\sin\theta)$，Z 点的坐标为 $\left(\dfrac{\|-\nu_2\sin\theta\|}{k_{AF}},-\nu_2\sin\theta\right)$，即 $k_{AF}>\dfrac{\|-\nu_2\sin\theta\|}{\|\nu_1-\nu_2\cos\theta\|}$，$\dfrac{\pi}{2}-\arctan\left(\dfrac{\|-\nu_2\sin\theta\|}{\|\nu_1-\nu_2\cos\theta\|}\right)>\theta_1$。

综合以上分析知，当 ν_1、ν_2 以及两者之间的夹角 θ 与 k_{AF}、k_{AG} 之间满足关系式 $k_{AF}>\dfrac{\|-\nu_2\sin\theta\|}{\|\nu_1-\nu_2\cos\theta\|}>k_{AG}$ 时将会产生冲突。

④ 当 $\tau=\angle FAG+\theta_3$ 时，A 与 B 会在 ν_2 无限大时产生冲突的临界点，即 A 与 B 会在右侧某个点相切过去。当 $\tau=\angle FAG+\theta_3$ 时，$k_{-\nu_2}$ 恰好等于 k_{AF}，则此时的 k_{ν_r} 会在 B 的速度 ν_2 无限大时，与直线 l_{AF} 的斜率无限接近相等，则此时就可以看作 ν_r 所在直线与 l_{AF} 所在直线重合，会产生冲突的临界点，即 $\beta=\angle FAG+\theta_3$，此时 $\beta=\arctan k_{AF}$，几何分析如图 8-13 所示。

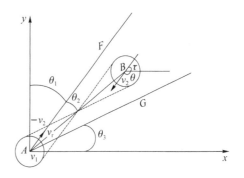

⑤ 当 $\beta\in\left(\theta_3+\angle FAG,\dfrac{\pi}{2}\right)$ 时，A 和 B 将

图 8-13 $\tau=\angle FAG+\theta_3$ 时几何分析示意图

不会发生飞行冲突，此时 $\tau>\angle FAG+\theta_3$。根据速度矢量关系可知，k_{ν_r} 将不会出现在冲突的区域中。

8.3.4 构建二维平面冲突解脱模型

在已建立的冲突预测模型基础上进行冲突解脱，假定有人机的速度与航向保持不变，改变的分别是无人机速度大小与航向。在 8.3.3 小节的分析中，可以看出将相对速度偏移至碰撞区域外，冲突问题得以解决。具体流程如图 8-14 所示。在进行冲突解脱分析时，为更加直接方便，将保留图中关键点来进行分析计算。

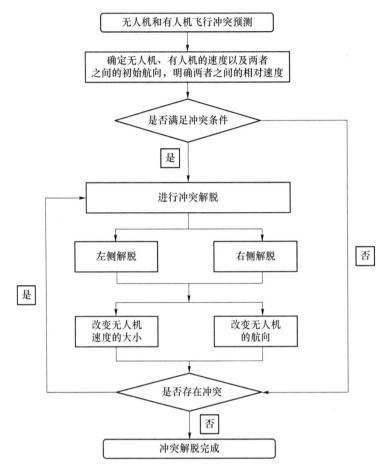

图 8-14 冲突解脱流程图

（1）基于改航法实现冲突解脱

在无人机和有人机存在潜在冲突风险的情况下，通过改变无人机速度的大小，来使得两者之间的相对速度偏移至冲突区域外，实现冲突解脱的目的。而在模型分析过程中，将两者的相对速度偏移至边界处，作为解脱临界点。

因此，改变无人机的速度大小，使得两者的相对速度偏移至 A、G 或者 A、F 所在直线上，即可求出无人机和有人机两者之间的飞行冲突解脱的临界值，以及无人机速度大小的最小变化量 $\Delta \nu$ 和解除冲突风险开始恢复路径所需时间 t。

1）将相对速度 ν_r 偏移至 A、G 所在的直线上

当无人机在有人机的左侧发生飞行冲突时，通过改变无人机的速度大小，将相对速度 ν_r 偏移至 A、G 所在的直线上，来实现两者之间的冲突解脱，且 IO 与 AG 相交于 K 点，如图 8-15 所示。

在 $\triangle AOI$ 中，应用余弦定理，可求出 $\angle OAI = \arccos\left(\dfrac{\nu_1^2 + \nu_r^2 - \nu_2^2}{2\nu_1 \nu_r}\right)$，$\angle AOI = \arccos\left(\dfrac{\nu_2^2 + \nu_r^2 - \nu_1^2}{2\nu_2 \nu_r}\right)$，且 $\angle AQL = \angle OAQ + \angle AOI$，$\angle OAQ = \angle OAI - \theta_3$。

在 $\triangle AQL$ 中，应用正弦定理，可求出 $\nu_1' = \dfrac{\nu_2 \sin\angle AQL}{\sin\theta_3}$，则 $\Delta \nu = \dfrac{\nu_2 \sin(\angle OAI - \theta_3 + \angle AOI)}{\sin\theta_3}$

$-v_1$,冲突解脱。同时,根据在图形中,圆和切线之间的位置关系,确定开始恢复航迹所需时间 $t = \frac{\sqrt{d_0^2 - d_{min}^2}}{|v_r'|} = \frac{\sqrt{d_0^2 - (R_A + R_B)^2}}{|v_r'|}$。

2) 将相对速度 v_r 偏移至 A、F 所在的直线上

当无人机在有人机的右侧发生飞行冲突时,通过改变无人机速度大小,将相对速度 v_r 偏移至 A、F 所在的直线上,来实现两者之间的冲突解脱,且 AO 与 QL 相交于 P 点,如图 8-16 所示。

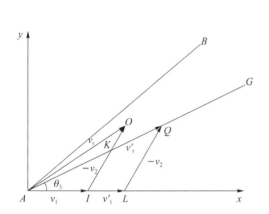

图 8-15 相对速度偏移至直线 AG 示意图   图 8-16 相对速度偏移至直线 AF 示意图

$\angle OAI$ 和 $\angle AOI$ 的计算方法同第 1) 中提到的方法,应用正弦定理和余弦定理,可求出:在 $\triangle AQL$ 中,$v_1' = \frac{v_2 \sin \angle AQL}{\sin \angle QAL}$,其中,$\angle QAL = \frac{\pi}{2} - \theta_1$,$\angle AQL = \angle APL - \angle QAO = \angle AOI - \angle QAO$,$\angle QAO = \frac{\pi}{2} - \theta_1 - \angle OAI$,则 $\Delta v = \frac{v_2 \sin \left(\angle AOI + \angle OAI + \theta_1 - \frac{\pi}{2} \right)}{\sin \left(\frac{\pi}{2} - \theta_1 \right)} - v_1$,其中冲突解脱,恢复航迹的所需时间 t 的表达式同 1) 中所述。

(2) 基于改速法实现冲突解脱

在无人机和有人机存在潜在冲突风险情况下,通过改变无人机航向,使得模型中的无人机和有人机两者之间的相对速度偏移至冲突区域边界处直至偏移出冲突区域,即通过改变无人机的航向来使得两者之间的相对速度偏移至 A、G 或 A、F 所在直线上,实现冲突解脱的目的,并求出两机之间消除冲突风险的角度差以及无人机开始航迹恢复的所需时间 t。

1) 将相对速度 v_r 偏移至 A、G 所在的直线上

当无人机在有人机的左侧发生飞行冲突时,通过改变无人机的原始航向,将相对速度 v_r 偏移至 A、G 所在的直线上,来实现两者之间的冲突解脱,且 IO 与 AG 相交于 K 点,如图 8-17 所示。分析图中相关的几何位置关系,应用正弦定理和余弦定理,得到相关的具体表达式。具体分析过程总结如下:

根据分析可知,$\angle QAL = \theta_3 + \angle IAL$。其中,$\angle AQL = \angle OAI - \theta_3 + \angle AOI$,根据余弦定理

得：$\angle OAI = \arccos\left(\dfrac{\theta_1^2+\theta_r^2-\theta_2^2}{2\vartheta_1\theta_r}\right)$，$\angle AOI = \arccos\left(\dfrac{\theta_2^2+\theta_r^2-\theta_1^2}{2\theta_2\theta_r}\right)$，同时，由正弦定理可知，$\angle IAL = \arcsin\left(\dfrac{\theta_2\sin\angle AQL}{\vartheta_1'}\right)-\theta_3$，而开始恢复航迹所需时间 t 的表达式为 $t=\dfrac{\sqrt{d_0^2-d_{\min}^2}}{|v_r'|}=\dfrac{\sqrt{d_0^2-(R_A+R_B)^2}}{|v_r'|}$。

2) 将相对速度 v_r 偏移至 A、F 所在的直线上

当无人机在有人机的右侧发生飞行冲突时，通过改变无人机的航向，将相对速度 v_r 偏移至 A、F 所在的直线上，来实现无人机和有人机两者之间的冲突解脱，且 AO 与 QL 相交于 P 点，如图 8-18 所示。

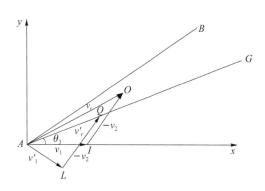

图 8-17 相对速度偏移至直线 AG 示意图　　图 8-18 相对速度偏移至直线 AF 示意图

经分析可知，通过余弦定理和正弦定理，可确定出 $\angle IAL+\angle QAL+\theta_1=\dfrac{\pi}{2}$，$\angle OAI=\arccos\left(\dfrac{\theta_1^2+\theta_r^2-\theta_2^2}{2\theta_1\theta_r}\right)$，$\angle AOI=\arccos\left(\dfrac{\theta_2^2+\theta_r^2-\theta_1^2}{2\theta_2\theta_r}\right)$，且 $\angle AOI=\dfrac{\pi}{2}-\theta_1-\angle OAI+\angle AQL$，$\angle IAL=\dfrac{\pi}{2}-\theta_1-\angle QAL$，由正弦定理可知，$\angle IAL=\dfrac{\pi}{2}-\theta_1-\arcsin\left(\dfrac{\theta_2\sin\angle AQL}{\theta_1'}\right)$，而开始恢复航迹所需要的时间 t 表达式同 1) 中所述。

8.3.5 模型实例应用

根据《中华人民共和国飞行间隔规定》第二章第七条规定组织实施飞行管制时，应当合理安排飞行次序；第十条规定：机场飞行空域应当划设在航路和空中走廊以外。仪表（云中）飞行空域的边界距离航路、空中走廊以及其他空域的边界，均不得小于 10 km。考虑融合空域中无人机和有人机在产生飞行冲突时，无人机优先避让有人机，同时，为保证有人机的安全运行，将有人机的安全范围假设定为 10 km。

对于无人机安全间隔标准，《无人驾驶航空器飞行管理暂行条例》（征求意见稿），第二十八条第五点提出，有人驾驶航空器临时起降点以及周边 2 000 m 范围的上方为无人机管控空域。通过查阅相关资料，根据无人机运行特点，将其安全范围定为 2 km。

在 MATLAB2017 实验环境中进行仿真实验。根据无人机的运行特点，以 2 km 作为无人

机的安全圆半径,巡航速度在[144,313]km/h,所以将速度取为 200 km/h。将有人机的速度假设为 264 km/h,根据安全间隔标准,以 10 km 作为有人机的安全半径。

为保证无人机的位置始终是(0,0),调整障碍机的位置。将有人机命名为障碍机,给出两者的航向、位置,初始角度为与 x 轴正向之间的夹角度数。表 8-2 所列为无人机和有人机两者之间的初始位置信息。

表 8-2　无人机和有人机两者之间的初始位置信息

序号	类型	位置/km	相对位置/km	角度/(°)	相对角度/(°)
1	无人机	(0,0)	(50,50)	0	40
	障碍机	(50,50)		220	
2	无人机	(0,10)	(20,25)	0	60
	障碍机	(20,35)		240	
3	无人机	(0,5)	(25,20)	0	80
	障碍机	(25,25)		260	
4	无人机	(5,0)	(72,45)	30	30
	障碍机	(45,75)		240	
5	无人机	(0,0)	(50,50)	0	50
	障碍机	(50,50)		230	
6	无人机	(0,10)	(30,25)	0	20
	障碍机	(30,35)		200	

在上述 6 种情景下,应用 MATLAB2017 仿真进行模拟无人机和有人机可能发生的冲突情况,并将结果整理后列于表 8-3。

表 8-3　仿真实验结果分析

序号	k_{AG}	k_{AB}	k_{AF}	k_{v_r}	选择解脱的方向	是否会产生飞行冲突
1	0.706 2	1	1.416 1	0.421 9	—	否
2	0.561 8	1.250 0	3.344 5	0.688 6	左侧	是
3	0.299 0	0.800 0	1.780 0	1.057 5	右侧	是
4	0.442 7	0.625 0	0.843 0	0.308 0	—	否
5	0.706 2	1	1.416 1	0.547 0	—	否
6	0.402 2	0.833 3	1.581 9	0.201 5	—	否

对于表 8-3 中 6 组数据的仿真实验结果,用条形图进行冲突风险预测结果对比,如图 8-19 所示。

在图 8-19 中,只有第 2 种、第 3 种情况中 k_{v_r} 大小介于 k_{AF}、k_{AG} 大小之间。依据改进速度障碍模型判定冲突条件,第 2 种情况中 $k_{AG}<k_{v_r}<k_{AB}$,所以选择在障碍机的左侧进行解脱;第 3 种情况中 $k_{AB}<k_{v_r}<k_{AF}$,所以选择在障碍机的右侧进行解脱。因此,考虑在第 2、3 种情况下的飞行冲突解脱进行仿真实验,得到的结果分析如表 8-4 所列。

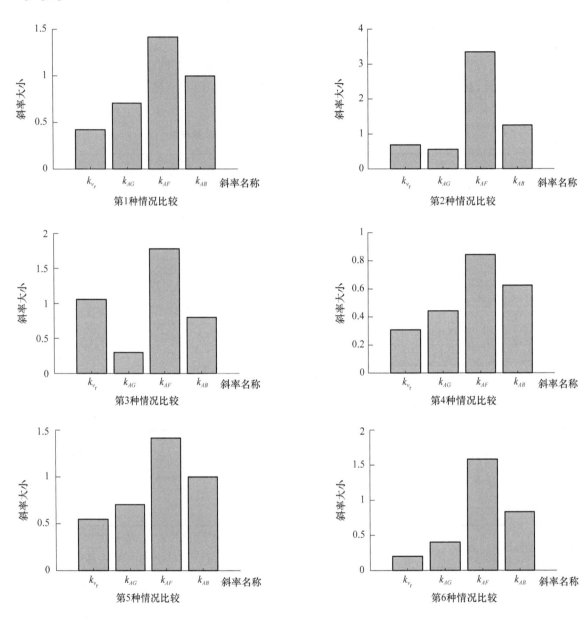

图 8-19 结果比较图

表 8-4 冲突解脱结果分析

序 号	k_{v_r}	开始恢复航迹的时间点 t/h	采取解脱的方法	是否解脱
2	0.561 8	0.063 6	改速	是
	0.561 8	0.079 2	改航	是
3	1.780 0	0.099 5	改速	是
	1.780 0	0.069 2	改航	是

仿真实验得到第 2、第 3 这两种情况下的解脱后结果图见图 8-20。

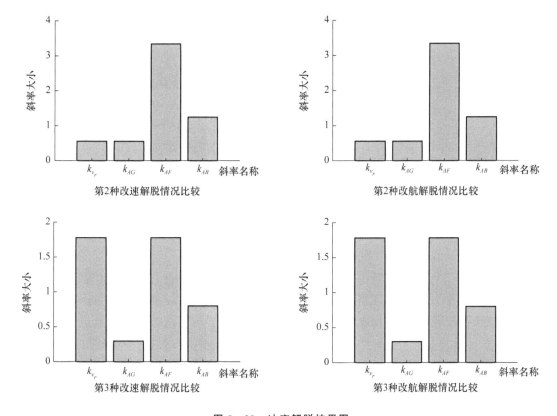

图 8-20 冲突解脱结果图

由图 8-20 分析可知,无人机和有人机之间的冲突风险情况得到了解决,实现了冲突解脱的目的。

8.4 非合作大型无人机飞行冲突预测方法研究

为降低非合作大型无人机(UAVs)之间的碰撞风险,首先在分析大型 UAVs 运行方式的基础上,提出基于 UAVs 运行管理平台的非合作大型 UAVs 飞行冲突预测机制和程序;然后建立基于 UAVs 飞行状态数据的飞行冲突预测模型,分别预测水平和垂直 2 个方向上的飞行冲突,进而判断是否存在飞行冲突,并分析冲突告警阈值,防止 UAVs 地面站过晚收到告警信息;最后利用 3 架 UAVs 实时飞行状态数据实例分析模型并验证该模型的可行性。结果表明:所提的冲突预测机制和程序可以实现非合作大型 UAVs 之间的冲突预测和预警,冲突预测模型可以准确判断是否存在飞行冲突并计算飞行冲突发生的时间。

8.4.1 大型无人机运行模式

UAVs 系统一般由 UAVs 机体、地面站、通信和控制链路 3 部分组成。某大型 UAVs 试运行模式如图 8-21 所示。

大型 UAVs 按照预定的飞行程序起飞,并与地面站之间保持双向通信,下行链路由 UAVs 向地面站发送 UAVs 各个仪表、任务、载荷等数据,完成 UAVs 的地空监视;同时,地面

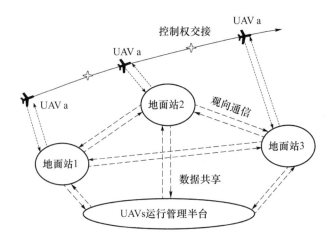

图 8-21 某大型 UAV 试运行模式

站又将 UAVs 的飞行状态数据包括经纬度等位置信息、高度信息、速度信息等同步传输给 UAVs 运行管理平台。上行链路由地面站将控制指令及 UAVs 需要的飞行情报发送给 UAVs 机载飞行控制计算机,完成对 UAVs 的指挥和操纵。地面站对 UAVs 监视和控制的范围是有限的(一般为 50~200 km),当 UAVs 即将超出一个地面站的控制范围时,与另一个地面站之间完成控制权交接,所以相邻的 UAVs 地面站之间也保持双向通信,以此类推,直至完成整个飞行任务。

8.4.2 防飞行冲突机制和程序

非合作大型 UAVs 之间的飞行冲突预测和规避策略的产生须由 UAVs 飞行管理平台完成,在本质上相当于对 UAVs 实施统一管制,具体流程如图 8-22 所示。

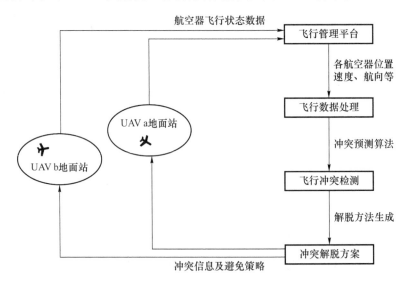

图 8-22 非合作大型 UAVs 飞行冲突预测和规避流程

UAVs 从起飞开始,就会通过无线电通信向地面站报送各个飞行参数,仪表等信息,地面站将接收到的UAVs飞行状态参数又直接报送给该区域的UAVs飞行管理平台,UAVs飞行管理平台实现空域动静态管理,实现目标身份识别及追踪,冲突预测及告警,航空情报及多元化信息服务等功能。从大型UAVs冲突预测及告警的角度讲,UAVs运行管理平台分析和计算来自各UAVs地面站共享的UAVs飞行数据,评估同一空域内各UAVs之间未来一段时间的安全间隔,如有安全间隔的损失,则认为会发生飞行冲突,必须向UAVs运营商发送冲突预警和可行的避免方法,由UAVs地面站操纵UAVs完成机动实现冲突避免。

8.4.3 飞行冲突预测模型和冲突告警阈值

(1) 冲突预筛选

大型UAVs多为固定翼UAVs,由于其起飞质量大,飞行状态比较稳定,整个飞行阶段多为直线运动,所以在一定时间范围内,可将大型UAVs的运动曲线简化为匀速直线运动,预测其未来一段时间的航迹,来判断2架或多架UAVs之间有无飞行冲突,防止UAVs之间丢失安全间隔。如果要判断该监视空域内所有UAVs之间的飞行冲突,须将其两两带入飞行冲突预测算法,如假设空域内有n架大型UAVs,根据组合数算法需要计算$C_n^2=n(n-1)/2$次,这无疑是巨大的计算量,所以首先将筛选有可能发生飞行冲突的UAVs,过滤掉不合理的冲突预警。考虑平飞、爬升或下降,对以下几种情况进行飞行冲突预测:①2架飞机都处于平飞状态,且处于相邻的高度层;②1架飞机平飞,1架飞机爬升,爬升状态的飞机处于低空;③1架飞机平飞,1架飞机下降,下降状态的飞机处于高空;④2架飞机都处于上升状态,爬升速度快的飞机处于低空;⑤2架飞机都处于下降状态,下降速度快的飞机处于高空;⑥1架飞机爬升,1架飞机下降,且爬升的飞机处于低空。

(2) 水平方向冲突预测

假设经过筛选的2架UAVs可能存在飞行冲突,则需要带入冲突预测算法判断,先以2架UAVs之间的飞行冲突预测为例建模计算。在三维空间内,以真北方向为y轴,向东为x轴,z轴垂直向上来描述UAVs的空间位置,爬升角和航向角分别用ρ和γ表示,2架UAVs的空中交通态势如图8-23所示。

UAVs运行管理平台在计算和判断UAVs飞行冲突时,需要以一定的时间间隔刷新和重新计算数据,以更准确的结果判断是否发生飞行冲突。设每个刷新周期开始

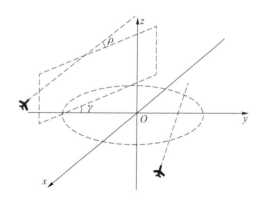

图8-23 2架UAVs三维空间交通态势

时,2架航空器a和b的初始位置分别为(x_a^0, y_a^0, z_a^0)和(x_b^0, y_b^0, z_b^0),并按照各自的飞行程序飞行,航向角(与y轴正向的夹角:0°~359°)分别为γ_a和γ_b,爬升角(飞行航线与水平面之间的夹角)分别为ρ_a和ρ_b;假设2架航空器航向和爬升角保持不变,则经过时间t后,航空器$i,(i=a,b)$的位置表示为

$$x_i(t) = x_i^0 + v_i \cos \rho_i \sin \gamma_i * t$$
$$y_i(t) = y_i^0 + v_i \cos \rho_i \cos \gamma_i * t$$
$$z_i(t) = z_i^0 + v_i \sin \rho_i * t$$

设大型 UAVs 水平安全间隔为 D_S，垂直安全间隔为 D_V，将某一航空器周围以 D_S 为半径、以 $2D_V$ 为高的三维圆柱形区域作为航空器冲突保护区域，为便于研究其冲突预测，须分别判断水平方向和垂直方向是否有飞行冲突，当两者都存在飞行冲突，则会发生飞行冲突。由几何关系可得：两者的水平速度向量为 $v_i \cos \rho_i$，其中，沿 y 轴方向的速度向量为 $v_i \cos \rho_i \cos \gamma_i$，沿 x 轴方向速度向量为 $v_i \cos \rho_i \sin \gamma_i$，沿着 z 轴方向的速度向量为 $v_i \sin \rho_i$。将航空器看作静止状态，则航空器 b 相对于 a 的沿 x,y,z 轴 3 个方向的速度用向量分别表示为 $v_b \cos \rho_b \sin \gamma_b - v_a \cos \rho_a \sin \gamma_a$，$v_b \cos \rho_b \cos \gamma_b - v_a \cos \rho_a \cos \gamma_a$，$v_b \sin \rho_b - v_a \sin \rho_a$，用三维坐标形式等表示为 (m,n,h)。

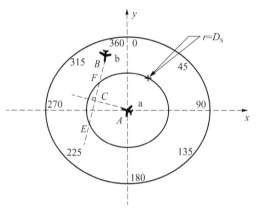

图 8-24 两架 UAVs 水平方向冲突

水平方向上，2 架 UAVs 水平方向冲突如图 8-24 所示，当航空器 b 入侵航空器 a 的潜在冲突区域时，将航空器 a 的初始水平坐标定义为点 $A(0,0)$，则 b 相对于 a 的初始坐标为点 $B(x_b^0 - x_a^0, y_b^0 - y_a^0)$，$b$ 的运动直线 L_1 与以 A 为圆心半径 $r = D_S$ 的圆交于点 E 和点 F，过点 A 作 L_1 的垂线 L_2，L_1 与 L_2 交于点 C，则 b 的运动直线方程 L_1 可用点斜式计算：

$$y - (y_b^0 - y_a^0) = \frac{n}{m}(x - (x_b^0 - x_a^0)) \quad (8-1)$$

点 A 到直线 L_1 的距离为

$$d = \frac{\left| -\frac{n}{m}(x_b^0 - x_a^0) + (y_b^0 - y_a^0) \right|}{\sqrt{\left(\frac{n}{m}\right)^2 + 1}} \quad (8-2)$$

比较 d 和 D_S 的大小。若 d 小于 D_S，则水平方向存在飞行冲突，冲突发生的时间段可按下列步骤计算：

① L_2 直线方程可表示为 $y = -\frac{m}{n}x$，则 L_1,L_2 两条直线方程交点 C 的坐标 (p,q) 为

$$\left(\frac{n^2(x_b^0 - x_a^0) - mn(y_b^0 - y_a^0)}{(m^2 + n^2)}, -\frac{m}{n} \cdot \frac{n^2(x_b^0 - x_a^0) - mn(y_b^0 - y_a^0)}{(m^2 + n^2)} \right) \quad (8-3)$$

② 求出 B,C 两点间的距离 $|BC|$ 和直线 L_1 与圆相交的半弦长 $|DC|$ 以及 $|BD|$ 分别为

$$|BC| = \sqrt{(p - (x_b^0 - x_a^0))^2 + (q - (y_b^0 - y_a^0))^2} \quad (8-4)$$

$$|DC| = \sqrt{D_S^2 - d^2}, \quad |BD| = |BC| - |DC| \quad (8-5)$$

③ b 与 a 水平方向上冲突的时间为 (t_1,t_2)，可以进一步求出：

$$t_1 = \frac{|BD|}{\sqrt{(m^2 + n^2)}}, \quad t_2 = \frac{|BD| + 2|DC|}{\sqrt{(m^2 + n^2)}} \quad (8-6)$$

(3) 垂直方向冲突预测

同理假设航空器 a 处于静止状态,2 架航空器的初始竖直距离 $H_0=|z_b^0-z_a^0|$,并设水平方向存在飞行冲突,则可利用式(8-6)解得 t_1 和 t_2,判断 t_1 和 t_2 时,a 和 b 之间垂直距离为 H_{t1} 和 H_{t2},并与垂直安全间隔 D_V 作比较来判断垂直方向是否存在飞行冲突。

若 $z_b^0>z_a^0$,则两者之间的垂直距离随时间的变化关系为

$$H_t=|H_0+h_t| \qquad (8-7)$$

若 $z_b^0<z_a^0$,两者之间的垂直距离随时间的变化关系为

$$H_t=|H_0-h_t| \qquad (8-8)$$

将 $t=t_1$ 和 $t=t_2$ 分别带入式(8-7)或式(8-8)得出 H_{t1} 和 H_{t2}。

若 H_{t1} 和 H_{t2} 均大于 D_V,则不存在飞行冲突,否则存在飞行冲突,需要提前进行冲突避让。

(4) 冲突告警阈值

非合作大型 UAVs 在 8.4.1 小节叙述的运行模式下,飞行冲突预测和预警存在时间延迟,即运行管理平台监测到的 UAVs 的飞行状态参数相对于 UAVs 实际的飞行状态在时间上是延迟的。从 UAVs 向地面站报送飞行状态数据到地面站收到运行管理平的告警信息,这些延迟包括 UAVs 向地面站传送飞行状态参数的时间延迟 t_a,UAVs 地面站向 UAVs 运行管理平台传送飞行状态参数的时间延迟 t_b,运行管理平台实现冲突预测及解脱方法生成时间延迟 t_c,运行管理平台将冲突告警信息和解脱建议传送给地面站的时间延迟 t_d,这几段时间延迟需要根据具体的 UAVs 系统性能及其运行情况测定。所以,在这种运行模式下,UAVs 的飞行冲突预测及解脱较有人驾驶航空器而言,需要更大的时间裕度,这是冲突预测及告警必须要考虑的问题,也是制定 UAVs 运行间隔必须要考虑的问题。此过程总的时间延迟 $t'=t_a+t_b+t_c+t_d$。

假设冲突解脱时间阈值为 t'',即 UAVs 地面站接收到告警信息后,能在 t'' 时间内完成复送并通过操控使得 UAVs 完成规避机动。由上述计算得到总的时间延迟 t',地面站收到冲突告警的时间必须在 $t_j \geqslant t'+t''$ 之前,t_j 即为冲突告警阈值。

8.4.4 模型实例应用

假设在某一 UAVs 运行管理平台服务范围内同时有 3 架 UAVs 飞行,建立目监测时,3 架 UAVs 的飞行状态信息见表 8-5。

表 8-5 各 UAVs 飞行状态信息

飞机编号	初始位置及高度/km	飞行速度/(km·h^{-1})	航向 /(°)	爬升角 /(°)
Ⅰ	(−4,−17,5.1)	300	45	0
Ⅱ	(5,2,4.5)	280	30	0
Ⅲ	(−5,1,4.2)	200	120	5

安全间隔是与安全目标水平、航空器性能、导航精度等有关的参数,目前还没有关于 UAVs 水平安全间隔和垂直安全间隔的规定。假设 UAVs 飞行水平安全间隔 $D_S=10$ km,垂直安全间隔 $D_V=0.6$ km。根据组合数算法需要对 $3(C_3^2=3)$ 种情况进行冲突预测,分别是:Ⅰ、Ⅱ组;Ⅰ、Ⅲ组;Ⅱ、Ⅲ组。经过预筛选将Ⅰ、Ⅱ组剔除,将剩余的 2 组数据带入冲突预测计

算法则中,得出冲突预测结果见表 8-6。

表 8-6 冲突预测结果

参　数	飞机航迹对	
	Ⅰ,Ⅲ	Ⅱ,Ⅲ
d/km	3.26	10.05
(t_1,t_2)/h	(0.026,0.086)	—
H_{t1}/km	0.447	—
H_{t2}/km	0.599	—

由表 8-6 可知,Ⅰ、Ⅲ之间的最小水平距离为 3.26 km,小于水平安全间隔 10 km;在垂直方向上,$H_{t1}=0.477$ km,$H_{t2}=0.599$ km,都小于垂直安全间隔 0.6 km,故 2 架 UAVs 之间会损失安全间隔,冲突持续发生在未来 0.026~0.086 h 范围内,因此需要对 UAVs 地面站进行冲突预警,并给出解脱方案;而Ⅱ、Ⅲ之间最小水平安全间隔为 10.05 km,大于水平安全间隔,故水平方向上不存在飞行冲突,不需要进一步判断垂直方向,因此Ⅱ,Ⅲ之间不存在飞行冲突。

参考文献

[1] 孟斌,路娜,张黎.通用航空安全管理体系[J].中国科技信息,2020(12):13,36,38,135.
[2] 姬宇.中国通用航空发展概述[J].现代营销(经营版),2019(11):34.
[3] 刘飞,张亮.通用航空安全管理体系现状及优化[J].科技资讯,2017,15(27):147-148,150.
[4] 朱绍会.通用航空安全管理体系建设研究[J].科技风,2019(16):21.
[5] 李翱.中国通用航空产业发展研究[D].广汉:中国民用航空飞行学院,2014.
[6] 张光复.民航行业信用管理办法详解[J].民航管理,2017(11):19-21.
[7] 于耕.航空应急救援[M].北京:航空工业出版社,2009.
[8] 国务院办公厅.国务院办公厅关于印发国家突发事件应急体系建设"十三五"规划的通知[Z].2017-07-12.
[9] 中国民用航空局.通用航空"十三五"发展规划[Z].2017-01-16.
[10] 李志男,王新新.完善航空应急救援体系[J].科技导报,2012,30(31):11.
[11] 中国国家标准化管理委员会.标准体系表编制原则和要求:GB/T 13016—2009[S].北京:中国标准出版社,2009.
[12] 李艳华,李冉.我国航空应急救援标准体系构建研究[J].中国安全科学学报,2019,29(8):3.
[13] 中航空运输协会.通用航空应急救援术语:T/CATAGS 7—2020[S].2020-10-19.
[14] 中华人民共和国交通运输部.民用航空器事件调查规定:CCAR-395-R2[Z].2022-11-25. https://xxgk.mot.gov.cn/2020/jigou/sgs/202211/t20221125_3714777.html.
[15] 中国民用航空局.民用航空器事件调查安全建议管理办法:AC-395-AS-02[Z].2021-07-26. http://www.caac.gov.cn/so/s?tab=all&qt.
[16] 中华人民共和国交通运输部.民用航空安全信息管理规定:CCAR-396-R4[Z].2022-06-14. http://www.caac.gov.cn/XXGK/XXGK/MHGZ/202207/t20220718_214443.html.
[17] 中华人民共和国交通运输部.民用航空器事件调查规定:CCAR-395-R3[Z].2022-11-01. http://www.caac.gov.cn/XXGK/XXGK/MHGZ/202301/P020230105510893621941.pdf.
[18] 中国民用航空局.民用航空器征候等级划分办法:AC-395-AS-01[Z].2021-08-04. http://www.caac.gov.cn/XXGK/XXGK/GFXWJ/202109/P020210903607942547192.
[19] 中国民用航空局.事件样例:AC-396-08R2[Z].2020-11-11. http://www.caac.gov.cn/XXGK/XXGK/GFXWJ/202012/P020201201490988712724.pdf.
[20] 中国民用航空华北地区管理局.民航华北地区民用航空安全信息管理办法:[2016]2145号[Z].2016-9-15. http://hb.caac.gov.cn/HB_XXGK/HB_ZCFG/201904/P020190606367408117511.pdf.
[21] 中国民用航空局.民航不安全事件信息填报规范:AC-396-AS-2009-03[Z].2009-07-23. http://www.caac.gov.cn/XXGK/XXGK/GFXWJ/201511/P0201511033470673

87058.pdf.

[22] 中国民用航空局. 外航不安全事件信息报告程序:AC-396-2010-04[Z]. 2010-07-16. http://www.caac.gov.cn/XXGK/XXGK/GFXWJ/201511/P020151103347065047096.pdf.

[23] 中国民用航空局. 航空安全自愿报告系统:MD-AS-2004-02[Z]. 2004-11-30. http://www.caac.gov.cn/XXGK/XXGK/GFXWJ/201511/P020151103347071107870.pdf.

[24] 中国民用航空局. 民用航空安全信息保护管理办法:民航局规[2021]29号[Z]. 2021-08-23. http://www.caac.gov.cn/XXGK/XXGK/GFXWJ/202109/P020210903610814697052.pdf.

[25] 罗云. 风险分析与安全评价[M]. 北京:化学工业出版社,2010.

[26] 韩其俊. 安全检查表法在安全评价中的应用及改进[J]. 石油化工安全技术,2003(04):13-16.

[27] 赵振宇,刘伊生,杨华春. 故障树法引入工程项目风险管理研究[J]. 现代电力,2002(02):95-99.

[28] 赵艳萍,贡文伟. 模糊故障树分析及其应用研究[J]. 中国安全科学学报,2001(06):44-48+1.

[29] 国宏. 预先危险性分析法在工程中的应用[J]. 山西煤炭,2007(02):40-43.

[30] 罗宜美,黄胜延,曹式有. 改进鱼骨图在生产管理中的应用[J]. 工业工程,2007(02):138-141.

[31] 向阳,朱永峨,陈国权,等. 风险分析与综合安全评估(FSA)[J]. 中国船检,1999,000(001):34-35.

[32] 高扬,牟德一. 航空安全评估中的层次分析法—AHP[J]. 中国安全科学学报,2000(03):41-44.

[33] 韩利,梅强,陆玉梅,等. AHP-模糊综合评价方法的分析与研究[J]. 中国安全科学学报,2004(07):89-92+3.

[34] 蓝金辉,马宝华,蓝天,周兆英. D-S证据理论数据融合方法在目标识别中的应用[J]. 清华大学学报(自然科学版),2001(02):53-55,59.

[35] 孟宪萌,胡和平. 基于熵权的集对分析模型在水质综合评价中的应用[J]. 水利学报,2009,40(03):257-262.

[36] 张晓全,吴贵锋. 功能共振事故模型在可控飞行撞地事故分析中的应用[J]. 中国安全生产科学技术,2011,7(04):65-70.

[37] 高扬,徐佳迪,武文涛,等. 基于FRAM-AHP法的公务航空飞行事故分析[J]. 安全与环境学报,2019,19(03):754-760.

[38] 许思莹. 全球公务航空运行管理方式比较分析[J]. 空中交通,2017,000(001):63-66.

[39] 文兴忠. 基于熵权和模糊综合评价的航空公司安全风险研究[J]. 安全与环境学报,2012,12(01):250-254.

[40] 梁钰锟,马振东. 基于DEMATEL法的基础工程施工风险分析[J]. 工程管理学报,2010,24(02):164-167.

[41] 张吉军. 模糊层次分析法(FAHP)[J]. 模糊系统与数学,2000(02):80-88.

[42] 郑锋,王巧芝,高学辉,等. Matlab与熵值法在综合评价中的应用[C]// 2010年全国职教通信与信息技术学术年会.

[43] 蒋洁,周福林,钟凯,杨瑞轩.基于组合赋权和改进灰色关联分析的电能质量综合评价方法[J].电力系统及其自动化学报,2020,32(08):47-53.

[44] 徐蔼婷.德尔菲法的应用及其难点[J].中国统计,2006(09):57-59.

[45] 中国民用航空局.无人驾驶航空器飞行管理暂行条例(征求意见稿)[Z].2018-01-26. http://www.caac.gov.cn/HDJL/YJZJ/201801/t20180126_48853.html.

[46] 中国民用航空局.无人机围栏(征求意见稿)[Z].2017-07-10. http://www.caac.gov.cn/HDJL/YJZJ/201707/t20170710_45235.html.

[47] 国际民用航空组织.遥控驾驶航空器系统(RPAS):AN-Conf/13-WP/6[Z].2018-5-4.

[48] 中国民用航空局.民用无人机驾驶员管理规定(征求意见稿)[Z].2019-04-16. http://www.caac.gov.cn/HDJL/YJZJ/201904/P020190416324184061903.pdf..

[49] 国际民用航空组织.民用无人驾驶航空器经营性飞行活动管理办法(暂行):MD-TR-2018-01.[Z].2018-3-21. http://www.caac.gov.cn/XXGK/XXGK/GFXWJ/201804/P020180409336678475193.pdf

[50] 国际民用航空组织.民用无人驾驶航空器实名制登记管理规定:AP-45-AA-2017-03[Z].2017-5-16. http://www.caac.gov.cn/XXGK/XXGK/GFXWJ/201610/P020161008345668760913.pdf.

[51] 国际民用航空组织.轻小无人机运行规定(试行):AC-91-FS-2015-31.[Z].2015-12-29. http://www.caac.gov.cn/XXGK/XXGK/GFXWJ/201601/P020170527591647559640.pdf.

[52] 国际民用航空组织.特定类无人机试运行管理规程(暂行):AC-92-2019-01[Z].2019-02-01. http://www.caac.gov.cn/XXGK/XXGK/GFXWJ/201902/P020190201603949196944.pdf.

[53] 张宏宏,甘旭升,辛建霖,等.无人机运行风险评估及不确定性综述[J].科学技术创新,2020(10):18-19.

[54] 中国民用航空局.关于促进民用无人驾驶航空发展的指导意见[Z].2019-05-14. http://www.wuasc.cn/page123?article_id=598.

[55] 郑涤滨.终端区航空器飞行冲突风险预测方法研究[D].天津:中国民航大学,2016.

[56] 张宏宏,甘旭升,李昂,高志强,徐鑫宇.基于速度障碍法的无人机避障与航迹恢复策略[J].系统工程与电子技术,2020,42(08):1759-1767.

[57] FIORINI P,SHILLER Z. Motion Planning in Dynamic Environments Using Velocity Obstacles[J]. International Journal of Robotics Research,1998,17(7):760-772.

[58] 国务院中央军事委员会.飞行间隔规定[M].北京:中国民航出版社,2007.

[59] 胡应东,胡涛,苗延青.民用无人机质量安全问题及应对措施探析[J].航空标准化与质量,2021,No.306(02):19-23.

[60] 张俊峰.基于速度障碍法的内河渡船避碰研究[D].大连:大连海事大学,2020.

[61] 高扬,武文涛,贾晓珊,等.非合作大型UAVs飞行冲突预测方法研究[J].中国安全科学学报,2020,30(04):80-85.